Vanessa N. Syrio & Shynran

I0391044

Espiritualidade
& Realidade

Como Se Revitalizar Com Integridade

ESPIRITUALIDADE & REALIDADE

COMO SE REVITALIZAR COM *INTEGRIDADE*

Vanessa N. Syrio

Inspirada por Shynran

CASA DO
ESCRITOR

Vanessa N. Syrio
Direitos Reservados

2016

Espiritualidade & Realidade
Como Se Revitalizar Com Integridade
Vanessa N. Syrio

Editor
Eldes Saullo

Projeto Gráfico e Editorial
Casa do Escritor

Ilustração da capa:
SUBSTÂNCIA, VNS, 2016 – da série
"Imagens em Meditação".
Descrição: óleo sobre tela; dimensões 0,60x0,46
Arte final, modificada em Adobe Photoshop.

Dados Internacionais de Catalogação na Publicação (CIP)

S995e   Syrio, Vanessa N
Espiritualidade & Realidade – Como se revitalizar com integridade.
Ed. 1 – Angra dos Reis - RJ: Publicação Independente / Casa do
Escritor, 2016.

ISBN 978-1541041271

1. Ciência 2. Ciência Aplicada II. Título

CDD 001

Para informações gerais, contate a autora através do site vanessasyrio.com.br ou
amazon.com/Vanessa-N-Syrio/e/B071FPJPDH

Este livro é dedicado

À família que me recebeu:
Mãe Edinesia, Pai Roosewelt, Irmão Fabiano,
Irmã Cíntia e em memória de nossos antepassados.

À família que recebi:
Fiel Escudeiro Daniel, Filho Rodrigo e nossos
descendentes.

À família universal:
Amizades que por acréscimo da providência
divina, vivem na sombra de compaixão de São Pio
de Pietrelcina, Santo Inácio de Loyola, Shinran
Shonin e Todos com quem compartilho
entendimento mútuo. CRK, Teerak.

Reflexão Prévia I

Para que servem as virtudes?

Seriam as virtudes "necessárias ou opcionais" para uma realidade satisfatória?

Será possível estabelecer horizontes de correlação entre Religião, Filosofia e Ciência capazes de melhorar as decisões diárias dos indivíduos?

Seria a integração desses três saberes responsável pela organização da mente, das emoções, da energia e da saúde do corpo humano?

Como popularizar o acesso ao ciclo das virtudes que qualificam as experiências humanas?

Decisões qualificadas aumentariam a eficiência energética pessoal disponível na sociedade?

Estariam nas virtudes a fonte de geração e reservatório da energia criadora que se manifesta através das pessoas?

Bem-vindos à era da Espiritualização Industrial. Tempo de cada um explorar, desenvolver e produzir a própria Energia!

Reflexão Prévia II

(acompanhada de respiração
profunda e copo d'água)

Se de acordo com Albert Einstein, a ciência sem a religião é manca e a religião sem a ciência é cega.

E ainda, Linus Pauling, sobre a ciência ser a busca contínua pela verdade e realização do progresso através da ética, do raciocínio útil e do bom senso transformador;

Da mesma forma que Allan Kardec, afirma que fé inabalável só é aquela que pode encarar frente a frente a razão em todas as épocas da humanidade;

Então, a correlação desses pensamentos deveria ser capaz de unificar os saberes conhecidos pela humanidade, com o objetivo de reduzir do sofrimento no mundo.

(Intertexto de Vanessa N. Syrio a partir
de Albert Einstein, Linus Pauling, Allan Kardec).

Sumário

Lista de Figuras:

Prefácio

Este livro apresenta o conceito de espiritualidade como um horizonte de entendimento formado pela integração de saberes religiosos, filosóficos e científicos. A correlação desses elementos sustenta a expressão de ciclos virtuosos de compreensão e encorajamento da diversidade humana.

O objetivo desta obra é compartilhar uma visão de mundo realista que mostra a importância de uma pessoa organizar seus pensamentos e emoções, para que a energia de seu corpo seja revitalizada no decorrer de sua existência.

Uma vez que a estruturação das partes imaterial e material, que compõem a experiência humana, acontece, o indivíduo passa a desfrutar ainda nesta existência, da experiência de paz e da tranquilidade da mente.

Esta satisfação interna constrói uma realidade sustentável e funcional na vida das pessoas. **É a este estado de satisfação interna e externa, que a autora classifica como INTEGRIDADE. O estado de espírito oriundo do alinhamento de forças da totalidade que significa a natureza humana.**

Construído através do estudo, da observação e da experimentação, reúne lições oriundas de fontes filosóficas, religiosas e científicas. Foi escrito para ser usado na resolução de desafios diários relacionados com o aprimoramento pessoal e profissional, havendo a possibilidade de extrapolação para questões vocacionais/espirituais do ser humano. Na prática, corresponde aos períodos de perdas, afastamentos, doenças, traições, equívocos emocionais e iluminação das sombras da ignorância. Momentos críticos e cruéis que transformam as pessoas em indivíduos mais satisfeitos e confiantes em si mesmo. Das duas uma, ou a pessoa se destrói e perturba seus semelhantes ou se fortalece e serve de inspiração para quem caminha ao seu lado.

As reflexões nesse sentido foram segmentadas em nove capítulos sob a forma de artigos que sugerem as etapas de apropriação dessas conexões entre razão e emoção **em favor da construção do sentimento de unidade ou integridade. O mesmo encontrado nas pessoas que experimentam satisfação independente do entorno na qual se manifestam.** Havendo inclusive, a possibilidade de pessoas bem experimentadas no estado de INTEGRIDADE, alterar favoravelmente o seu entorno ao transferir suas percepções para seus semelhantes.

Um fenômeno aparentemente misterioso, mas que se fundamenta na origem comum de

todas as coisas, animadas ou inanimadas, de guardarem vínculos entre si.

Dessa forma, espera-se no capítulo 1, denominado **"AUTORREVITALIZAÇÃO"**, que o leitor encontre motivos para empreender essa aventura de observar o mundo sob a ótica das virtudes como combustível para atingir a plenitude da satisfação de ser quem se é.

O que deve ser suficiente para motivar a continuidade do processo de auto-observação descrito no capítulo 2 **"COMPROMISSO PARA CONSIGO MESMO"**. Este capítulo diminuirá consideravelmente o julgamento de valor para com terceiros e aumentará a responsabilidade que cada um destina a si mesmo, e aos que se encontram sob sua responsabilidade.

Seguindo o raciocínio a ser transmitido, instala-se no capítulo 3, a fase de diferenciar **"IMAGINAÇÃO X REALIDADE"**. Sem a intenção de impor barreiras à criatividade, mas de delimitar bordas de discernimento, neste capítulo a pessoa é convidada a "se posicionar e deixar o outro saber com clareza a natureza de suas interações." Desconsidera-se nessa fase, o que se imagina que o outro esteja pensando e passa a valer exatamente a expressão da intenção entre as partes, **ainda que se tenha conhecimento das limitações da linguagem por mais que se selecionem as melhores palavras para se expressar os pensamentos.**

Uma vez que as etapas anteriores fizerem sentido para o leitor, espera-se que no capítulo 4 **"DESDOBRAMENTOS MOTIVANTES"**, seja possível observar os benefícios dos capítulos anteriores atuando em suas experiências particulares. Isso acontece devido a instalação de pensamentos e percepções que induzem a construção de uma nova mentalidade. Uma visão de mundo orientada para a tranquilidade, ainda que as circunstâncias insistam em desestabilizar a mente, as emoções, e a energia vital do corpo físico.

A partir desta etapa, todas as impressões estarão condicionadas a bagagem acumulada pelo leitor. Quanto mais orientada para a satisfação e pela vontade de ser útil a pessoa apresenta nessa fase, maior será a motivação para persistir em um fluxo de experiências significativas. Daqui para adiante, as lições serão suavizadas pelo estudo e pela prática exaustivos exigidos pelas etapas anteriores. **A identificação com a essência do outro promove a experiência da empatia.**

Uma vez que o sentimento de empatia se manifesta, ocorre a transformação mais efetiva, do processo iniciado com a leitura desta obra. A percepção da familiaridade se instala e viabiliza o que é apresentado no capítulo 5 **"AMPLIANDO NOSSO LAR"**. Que vem a ser uma postura mental de pertencimento, que afasta da mentalidade das pessoas, a falta de compromisso e da irresponsabilidade para com questões da coletividade. Posiciona o indivíduo num horizonte de ética onde coexistem comportamentos qualificados e extremamente benéficos para si mesmo e para seus semelhantes.

Essas transformações, iniciadas na intimidade do indivíduo, impactam os relacionamentos interpessoais do mesmo(a) ao mobilizar uma espécie de energia biopsíquica de potência ilimitada que impregna o ambiente com segurança. Trata-se da autoconfiança encontrada em personalidades proativas. **Tamanha é a capacidade dessas pessoas de antecipar possíveis problemas e evitar situações indesejadas, que sua simples presença, nas suas diversas áreas de atuação representam verdadeiras ferramentas de "CONSOLIDAÇÃO DA FÉ",** como descrito no capítulo 6. Etapa que não explica, mas justifica o que acontece para além das possibilidades do indivíduo. Diz respeito a tudo que não depende da pessoa para acontecer, e que acontece, da melhor forma possível graças ao poder de realização da Providência Divina: essa sincronia e concatenação de ações que reações que resultam em estados de gratidão, alegria, paz e satisfação.

Também chamado neste livro de "Fé no Poder do Outro" ou ainda, "Fé no Outro Poder". Esse é o poder que certas pessoas manifestam quando desistem de pensamentos, palavras e atitudes desfavoráveis ao usufruto da sua própria existência. Escolhendo ao invés disso, expressar seu poder criador de uma realidade de satisfação que nasce de pensamentos, palavras e atitudes qualificadas. Este estado mental lúcido e inabalável transforma a pessoa num ímã que atrai para perto dela, tudo que sua mente necessita para atingir estados a autorrealização ou plenitude da existência.

Dessa forma, é questão de tempo discernir a respeito de seus objetivos pessoais, profissionais e vocacionais/espirituais. Assim, a pessoa que sabe o que quer, passa **"REFLETIR O PROPÓSITO"** de sua existência. Esta percepção da natureza de seu propósito, nesta existência, é talvez o tesouro mais valioso que a personalidade humana pode almejar alcançar. Após essa etapa a pessoa começa a realizar os objetivos de sua existência, conforme o capítulo 8 **"EXEMPLIFICAR A REALIDADE DESEJADA".**

Nesse estágio do processo, a pessoa já se apropriou de diversas virtudes, dentre estas, a perseverança. Que no capítulo 9, faz com que se executem as **"AÇÕES EFICIENTES AO EXERCÍCIO DAS VIRTUDES".**

Isto porque são as diferenças que prevalecem na coletividade e, por essa razão, cada um é livre para se encontrar nas incontáveis oportunidades que a vida oferece de aprimoramento em direção ao progresso. Divertir-se com as surpresas, especialmente as imprevisíveis, é sinal de expansão legítima, da autoconsciência desperta.

Na certeza de que cada indivíduo que regula suas emoções e fortalece a própria consciência, veste-se com joias raríssimas forjadas em virtudes, estas linhas são oferecidas para popularizar o acesso a esse tipo de conhecimento, ainda neste mundo. Ficam nestas páginas, a esperança de que o produto mais solicitado nas prateleiras da vida seja aquele capaz de manter aceso, o brilho no olhar das pessoas.

Ainda que, o que se esteja procurando, não caiba em uma prateleira e nem exista em nenhuma loja específica por ser gerado na intimidade de cada indivíduo, com sua demanda específica. Uma espécie de tecnologia interna.

Que seja o acesso a essa tecnologia interna o mais breve possível, mais um paradigma superado na história da humanidade. De modo que o amadurecimento do intelecto e a regulação das emoções seja suficiente para atribuir sentido de utilidade e beleza para as tecnologias desenvolvidas até o momento em favor da contínua superação das limitações da natureza humana.

Considerações Relevantes I

As fontes que deram origem a este livro podem ser consideradas multidisciplinares e ecumênicas.

O pseudônimo **Shynran** surgiu para representar o esforço vindo de todas as direções do sentimento e pensamento humano – científico, filosófico e religioso - em favor do progresso da humanidade. Fortemente marcado pela propagação do conceito de consolidação da fé no "outro poder" como mecanismo de adequação das partes imateriais e materiais que produzem satisfação nas pessoas, esse livro oferece um ângulo de contemplação da vida que está ao alcance das pessoas comuns e comprometidas consigo mesmas. Bem como, com os diversos papéis sociais que as pessoas desempenham diariamente.

Sem a pretensão de inventar algo novo, o objetivo aqui é chamar a atenção para a valorização dos ciclos virtuosos no exercício de tudo que funciona bem nas relações humanas. Seja na expressão da fé, em sua manifestação religiosa ou na concatenação do pensamento científico, o que se sugere é popularizar o efeito das ações virtuosas no aprimoramento dos diversos saberes e realizações da natureza humana.

Seja através das manifestações religiosas - oriundas do Ocidente com a cultura ancestral dos Povos Ameríndios, do Cristianismo e influência Greco-Romana ou do Oriente, com os Vedas, o Hinduísmo, Budismo e Xintoísmo. Seja através das manifestações científicas, apaixonadas pela instrução nas diferentes áreas do saber, o que se observa com a passagem do tempo é a extinção contínua e gradual da ignorância. Estejam essas vozes surgindo do Norte ao Sul, do Leste ao Oeste, o que se observa é o entendimento comum de que a passagem do tempo com a ajuda do bom senso, estão diminuindo globalmente as injustiças e crueldades atribuídas a amadurecimento da nossa espécie.

Este livro vem de encontro à maior parte dessas vozes que se levantam para enaltecer o diálogo amistoso e respeitoso de encorajamento e superação das limitações da natureza humana. Sua manifestação ganhou força quando a autora descobriu a história de Shinran Shonin (1173-1263), um ex monge budista japonês, que interpretou os ensinamentos de Siddhartha Gautama (Buda) com tanta integridade que, ao se iluminar, escolheu viver uma vida comum com família, filhos e em comunidade, para compartilhar o conceito da "fé no outro poder" e do "nascimento na Terra Pura" com seus semelhantes.

Sua influência inspira toda pessoa interessada em cultivar histórias felizes. Dentre as muitas homenagens direcionadas ao Professor Shinran existe uma estátua de 120 metros, na cidade de Ushiku, província de Ibaraki, no Japão. A estátua de Amitãbha Buda é um templo-museu, conhecido como "Ushiku Daibutsu". Ao compartilhar a sabedoria que emanava de seu ser em favor do progresso de si mesmo e de seus semelhantes, Shinran exemplificou inúmeras virtudes. E a reunião de todas elas promoveu a experiência da compaixão – no entendimento da autora - de modo universalista e ecumênico.

Por essa razão, o pseudônimo Shynran foi utilizado como segundo autor nesta obra, para homenagear os ideais de popularização das virtudes oferecidos por Shinran Shonin ao seu povo, sob uma ótica atemporal ao denominar "a força que originou tudo que existe e sustenta a realidade como ela se apresenta", de "O Outro Poder".

Conceito que pode ser interpretado como uma equalização da questão da fé, "em Deus" ou em "si mesmo", uma vez que ressalta o impacto do que ocorre para além das possibilidades do indivíduo, como complementar e necessário para que se experimente a satisfação da natureza humana.

Um exercício simples para ilustrar esse entendimento seria o de se fazer a seguinte pergunta: o que faço uso neste momento, que depende apenas e exclusivamente das minhas habilidades e do meu poder de realização? Pode ser que a resposta para a maioria das pessoas seja "nada ou quase nada". Tudo o que as pessoas fazem uso na maior parte do tempo foi feito por terceiros a partir da matéria prima extraída da natureza (ar, alimento, roupas, eletrônicos, aquecimento, a própria casa...). O que significa que o exercício da liberdade das pessoas está diretamente relacionado com a sua dependência de quase tudo de que esta, necessita receber "do outro, ou da natureza". Uma dependência que é suprida naturalmente na maior parte do tempo, ao ponto de parecer não existir.

Da mesma forma acontece com a dinâmica da vida, que é tão eficiente, que dificilmente se percebe que a maioria das necessidades dos indivíduos são satisfeitas por semelhantes habilidosos e comprometidos com a boa qualidade de suas relações e realizações.

Por essa razão a postura mental de gratidão se manifesta de modo natural nas pessoas que expandem e fortalecem a consciência a respeito de si mesmas, e das características do seu entorno. Gratidão por encontrar sua função no universo, realizar sua obra, e se oferecer em colaboração para que seus semelhantes façam o mesmo.

O dinheiro pode comprar a boa qualidade de um produto, mas essa boa qualidade não estará disponível se não houver alguém que ama o que faz por trás de todo o processo, para dar início a esse movimento. A humanidade não fez o planeta que recebeu como lar, mas se sente no direito de se apropriar de seus recursos para fazer acontecer o universo de possibilidades que existe no íntimo de suas aspirações.

Quem sabe já não seja a hora de investir na qualidade dessas aspirações. Que certamente são melhores do que as aspirações das gerações passadas. Quem não acredita, que abra mão de todo o conforto oferecido pelas conquistas dos que precederam a geração atual e passe uma noite acampado por si mesmo, em uma floresta coberta de neve. Detalhe, se não souber fazer a própria roupa e tenda, ou se precisar se alimentar ou simplesmente sustentar seus pés em solo firme, estará usufruindo da providência divina, também conhecida como "O Outro Poder".

Neste sentido, despertar para a maravilha que é viver e para as correlações que existem entre os seres que compartilham de intervalos específicos de tempo, pode facilitar a dinâmica das convivências, diminuir os conflitos desnecessários que enfraquecem a humanidade e – por que não? – validar e qualificar as aspirações dos indivíduos para que sigam seu ritmo de aprimoramento próprio, que tem sido mais do que satisfatório.

É portanto com a intenção de compartilhar as conexões estabelecidas entre o conjunto de conhecimentos filosóficos, religiosos e científicos que se tem acesso até o momento, aplicados à construção de uma realidade bacana (com muito mais motivos para agradecer do que para reclamar), que o "Espiritualidade e Realidade - como se revitalizar com integridade" registra de modo mais coloquial do que acadêmico, reflexões que podem ser úteis no cotidiano da vida, com o intuito oferecer uma interpretação realista e favorável ao estabelecimento de experiências felizes em meio à diversidade e imprevisibilidade na qual a individualidade humana se manifesta.

Divirta-se!

Considerações Relevantes II

Agradecer aumenta a vontade de viver.

Viver bem e melhor é um treino e uma conquista, que pode ser celebrada sendo passada adiante. E para ser passado adiante, deve ser cultivado em solo fértil. Sendo tal qual a escola que, dia após dia, recebe crianças simples e ignorantes e entrega para a sociedade jovens instruídos e conscientes. Tudo isso, graças a passagem do tempo e da transmissão do conhecimento ordenado, de preferência oferecido por quem ama o que faz. Ou ainda como o hospital, que transforma doentes em pacientes que, ao se depararem com a fragilidade da vida física, despertam para a sua preciosidade, passando a aproveitar cada vez mais a experiência da saúde e do equilíbrio das próprias forças.

Nos dois casos, o que se observa é o aumento gradativo da capacidade de atribuir significado para a própria vida, ao ponto de alcançar respostas satisfatórias para os questionamentos fundamentais da natureza humana: "Quem sou eu?", "De onde vim e para onde vou?" e, a mais importante de todas, "Por que estou aqui?".

Perguntas sem respostas genéricas, desde que as pessoas começaram a refletir a respeito de si mesmas, mas que costumam ser respondidas no intervalo de uma vida, a partir da qualidade das experiências pessoais e coletivas acumuladas pelos indivíduos. Experiências que compõem a realidade, como ela se apresenta, estejam ou não as pessoas, conscientes disso.

Assim, a realidade vai sendo construída de acordo com as demandas apresentadas pelo indivíduo na sociedade e os limites delineados pelo progresso científico nas diferentes épocas da história da humanidade.

Generalistas, especialistas, empreendedores, operários, consumidores e demais funções sociais, no exercício de suas atribuições e habilidades, executam as ações necessárias para estruturar e materializar as relações sociais e econômicas em escala local, regional e mundial, ao mesmo tempo em que se alargam os limites do entendimento humano e se fortalecem as convicções a respeito da natureza como a conhecemos.

Mas há momentos em que o desenvolvimento é interrompido, a estagnação se instala, e se assemelha ao declínio, sugerindo novas demandas e refletindo um contexto desfavorável, marcado por insatisfação ou fragmentação generalizada. **Cenário crítico onde as características do efeito sugerem a gênese da causa. Por exemplo, ondas gigantes indicam ventos fortes.** E, ainda que a origem seja aparentemente desconhecida, as crises se instalam por razões diversas, persistem ao ponto de atingir proporções expressivas e se concretizam em episódios de medo e lamentação generalizada, de modo que em algum momento a origem da causa fica evidente. Com frequência as causas estão relacionadas aos maus hábitos, com a ausência de limites, com a falta de consciência individual e coletiva, e de certa forma, ao completo desconhecimento da importância de se apropriar das etapas de libertação de si mesmo. As pessoas se tornam escravas de suas vontades e não aprendem sobre a arte das escolhas assertivas, fundamentadas em interesses que não causem atrito com as leis universais e nem machuquem seus semelhantes. Resumidamente a origem das crises é sempre a mesma, ignorância para se prevenir e ganância capaz de perturbar a ordem natural que prevalece nos sistemas em equilíbrio. Ignorância e Ganância são no geral a causa de quase todos, senão todos, os acontecimentos e os transtornos das mudanças críticas. Tanto das mudanças íntimas quanto das mudanças coletivas.

Além disso, os interesses pessoais que direcionam os estados de crise, mostram-se fiéis reguladores deste sistema, quando instalados. Tanto que, ao se modificar o foco de interesse individual em grande escala, muda-se o cenário no curto, médio e longo prazo. Para entender melhor basta imaginar a diferença de comportamento que se observa entre pessoas ¨conscientes e generosas¨ e ¨inconscientes e egoístas¨.

Isso porque a coletividade reflete o somatório das predisposições individuais de um grupo. E não importa o que a mídia venha a sugerir como realidade, **cada indivíduo enxerga o mundo sob uma ótica própria e delimitada pela expansão e fortalecimento de sua própria consciência.** Quando mais inteiro encontra-se o indivíduo, menos fragmentada é a sua realidade e mais agradável e seguro é o ambiente aonde este indivíduo vive. Essa fibra moral e intelectual que sustenta as pessoas inteiras é desenvolvida através do poder de suas escolhas diárias.

Para desfragmentar a consciência das pessoas, sugere-se a difusão do fortalecimento da consciência como solução para os quadros de crise coletiva oriundos da falta de coesão e bom senso da alma e sua respectiva expressão nos domínios do corpo.

Não estão sendo consideradas as crises provocadas por fenômenos naturais extremos, provocados ou não pela ação humana no meio ambiente. Ainda que estes fenômenos exemplifiquem a dinâmica das mudanças e possam ser correlacionados com a ação antrópica. Nesse ponto, vale lembrar que mudanças extremas fizeram e fazem parte das transformações que permitiram a manifestação da vida na Terra. A julgar, desde a hipótese dos planetesimais, que inspirou o modelo de evolução dos planetas a partir da acreção de "poeira cósmica", sustentado pelo astrônomo Viktor Safronov em 1972, passando pela origem e evolução da vida atribuída há cerca de 3.4 bilhões de anos (Schopf, 1993), até os dias atuais, acredite, tudo muda, ainda que por enquanto, não haja previsão desta afirmação se modificar.

Tudo indica que a realidade é o que há. E seja o que for, muda. Considerando o presente como última amostragem disponível, tende para um ambiente cada vez mais favorável à vida, ao ponto de desenvolver seres capazes de refletir a respeito de si mesmos e de tudo que os cerca. Ainda que a conclusão que se chegue, com base no que se conhece sobre a origem do planeta nos últimos 4,5 bilhões de anos, não exista "nenhum vestígio de começo e nenhuma perspectiva de fim" como afirmou James Hutton (1788) o pai da geologia no século XVIII.

Guardadas as devidas proporções, pode-se dizer que a mente humana, tal qual a força criadora que inicialmente ordenou átomos para constituir os elementos que compõem a matéria, tem sido capaz de fazer acontecer realidades cada vez mais complexas, inimagináveis para as gerações imediatamente anteriores. E é para chamar a atenção para essas características que vêm beneficiando progressivamente a humanidade que esse livro foi escrito. Dentre as principais se destacam o "fortalecimento da consciência", "a regulação das emoções" e o "alinhamento de propósito pessoal, profissional e vocacional/espiritual" com os mecanismos que diminuam as inconsistências que comprometam a plenitude da experiência humana.

Embora pareça se tratar do óbvio, de que a consciência fortalecida aumenta a resiliência das pessoas, há quem passe pela vida sem nunca ter ouvido falar dessa habilidade de se recuperar de situações críticas ao mesmo tempo em que enxerga, com clareza e otimismo, soluções para as dificuldades que porventura se apresentem na vida.

Parece até que o conhecimento produzido pelos avanços científicos não alcança os motivadores dessas conquistas: as pessoas. Essa distância configura um cenário de soluções distante de quem as necessita. Nada que os ajustes entre teoria e prática não possa resolver, de modo que o conhecimento desenvolvido nos laboratórios científicos seja aplicado com mais frequência na construção de Laboratórios de Excelência da Vida.

Buscando essa aproximação entre teoria e prática, este livro surge das percepções de alguém com vocação para as artes plásticas, formação para o magistério, graduação e especialização em geociências aplicada à Indústria do Petróleo e experiência profissional predominante no mesmo setor. Mas antes de qualquer qualificação, uma pessoa comum, de mente aberta para as oportunidades de progresso oriundas das boas influências que brotam em volta dos que têm olhos de ver e generosidade para compartilhar as alegrias de uma vida bem vivida.

Reflexões que surgiram predominantemente no período em que atuou como voluntária no grupo de Atendimento Fraterno da Casa de Padre Pio, uma Associação Holocêntrica, localizada no Rio de Janeiro, Brasil, entre os anos de 2012 e 2015. Período no qual exercitou o fortalecimento de sua própria consciência e colaborou com o mesmo processo (de fortalecimento de consciência) de pelo menos 384 pessoas (segundo os relatórios de atendimento) decididas a complementar seus tratamentos médicos tradicionais com ferramentas de cura espiritual (Passos, 2016), orientações e conhecimento qualificado (leia-se, de natureza espiritual organizacional transpessoal) para superar crises pessoais, profissionais e espirituais/vocacionais que não encontravam alívio exclusivamente a partir da medicina e terapêutica tradicionais.

A origem detalhada dos desajustes não será objeto deste relato, que trata das influências nocivas da ignorância, do medo e do egoísmo exacerbados como os principais desencadeadores dos desastres pessoais que corrompem e comprometem o progresso dos indivíduos em sociedade no exercício de suas atribuições diárias. As interpretações alcançadas com o espaço amostral disponível sugerem fortemente que se que tratam de variáveis diretamente correlacionáveis, uma vez que a ignorância (no sentido de desconhecimento), o medo e o egoísmo (no sentido da dificuldade de se colocar no lugar do outro) são frequentemente observados nas experiências de crise que refletem a fragmentação dos corpos emocional, mental e físico dos indivíduos considerados nessa abordagem.

O que pode indicar, no caso da recíproca ser verdadeira, que a intensidade e amplitude das crises que atingem a escala social podem refletir o somatório dos desajustes individuais motivados por estes estados de fraqueza física, mental, emocional ou espiritual/vocacional do indivíduo transitando pela experiência humana sem o conhecimento robusto de sua própria natureza.

Por esta razão, o conteúdo disponível nesse livro pode ser considerado como uma coletânea de orientações para momentos de crise inspirada no pensamento filosófico existencial-religioso e analítico-científico de seres humanos que se destacaram pela fibra moral com que marcaram seu tempo de existência na Terra. Prorrogando sua permanência na esfera sutil do intelecto e das emoções humanas, pela integridade e alinhamento de seus pensamentos, mensagem e bons exemplos. O que pode ser interpretado como imortalidade para fins práticos.

Os capítulos que compõem o corpo desse livro foram alguns dos direcionamentos que mais se destacaram no período dessas observações, cuja introdução, objetivos, metodologia, desenvolvimento e conclusões eram esboçados na mente analítica da atendente, submetidos ao conjunto de emoções disponíveis no momento do atendimento, para serem devidamente interpretados pelo bom sentimento da prática fraterna. Este último, certamente influenciado pelo conhecimento de causa e propósito de existência impregnados nos limites físicos da Associação

Espiritualista Holocêntrica Padre Pio de Pietrelcina, mas não limitados a esta.

A susceptibilidade ao sucesso ou fracasso do primeiro atendimento era constatada em poucos minutos, pelo retorno ou não, do brilho nos olhos da pessoa ao término de sua anamnese. Quanto maior a desordem dos pensamentos observados na anamnese do indivíduo, menores as chances de o brilho nos olhos retornar e se manter em um primeiro atendimento. Quando a parte do espaço amostral retornava para agradecer pela superação ou não recorrência dos estados de crise e registrar a retomada do equilíbrio físico e emocional, com relação aos desajustes anteriormente apresentados, concluía-se o tratamento, denominado espiritual, como bem-sucedido. **Todos os pacientes eram rigorosamente orientados a considerar o tratamento espiritual como terapêutica complementar aos tratamentos tradicionais, especialmente os casos que envolviam quadros de doenças físicas graves instaladas.** Sendo a Medicina Tradicional considerada a ferramenta de comprovação do equilíbrio orgânico do indivíduo. A consolidação dos ajustes alcançados pela combinação dos tratamentos de natureza complementar era constatada pela gratidão e bem estar apresentados pelos indivíduos que, no geral, estabeleciam vínculos de amizade e fraternidade entre si.

Simplificando muito a descrição, na percepção da autora, as experiências de cura nos indivíduos saudáveis era "percebida" como pontos coloridos espalhados pelo corpo que irradiam para além da sua dimensão física (*Figura 1*). Na faixa do visível, essa combinação de cores proporciona ou é acompanhada pelo brilho nos olhos e o carisma em personalidades, aparentemente magnéticas. A intensidade do brilho nos olhos é diretamente proporcional à intensidade com que esses, cerca de sete pontos luminosos, se acendem e irradiam nas pessoas.

Neste livro, a fonte dessa energia luminosa é atribuída a "fé no outro poder" e ao condicionamento de "hábitos virtuosos". Ambos são os mantenedores do "fortalecimento da consciência"

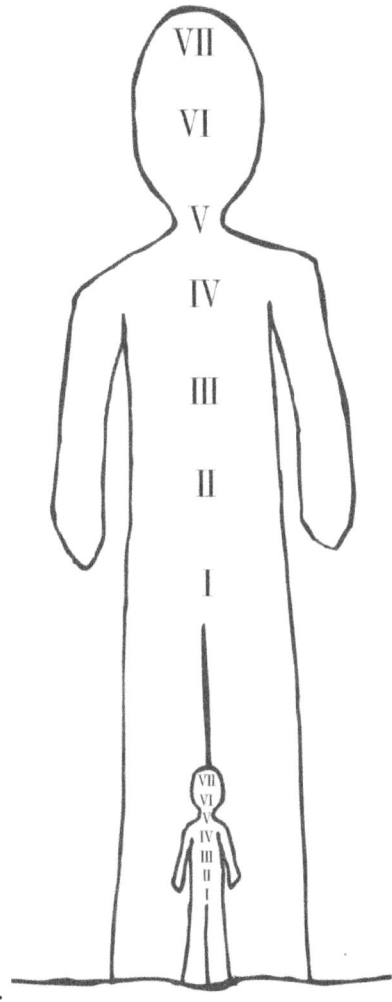

Figura 1: Ilustração explicativa da relação entre corpo físico (silhueta menor) e campo do pensamento (silhueta maior). Os algarismos romanos indicam os pontos de ligação entre o ¨corpo físico¨ e o ¨campo de pensamentos¨. Os pontos de I até VII

representam pontos de luz colorida que irradiam nos indivíduos saudáveis (com brilho nos olhos), respectivamente representados pelas cores vermelho (I), laranja (II), amarelo (III), verde (IV), azul (V), violeta (VI) e prata (VII). Parece estranho, mas as pessoas costumam ser maiores do que seu tamanho observado na faixa do visível. Mesmo as que apresentam desequilíbrios físicos, mentais, emocionais ou espirituais/vocacionais possuem esse campo de influência em seu entorno.

1. Autorevitalização

*Que seja este, o auspicioso exercício de consolidação
da fé em harmonia com a razão.*

Quando uma casa perde a funcionalidade devido ao desgaste natural desencadeado pela passagem do tempo, seu proprietário pode ignorar o fato e deixar seu patrimônio se desintegrar, como acontece com as casas abandonadas (atraentes para filmes de terror) ou investir atenção e energia na manutenção e restauração de seu bem adquirido à custa de sua dedicação.

Assim como a casa, seu dono também se encontra submetido aos processos de intemperismo físico e químico que desgastam a matéria. Mas, diferente da casa que costuma ser mantida e revitalizada por quem a habita, cabe ao indivíduo, consciente dos desgastes e mudanças naturais, aos quais se encontra submetido, a tarefa de revitalizar e si mesmo.

Quando esse tipo de cuidado não acontece, há grandes chances das pessoas se transformarem nos "monstros" dos filmes de terror, na medida em que perdem gradualmente sua função social, seja na intimidade de seus relacionamentos, seja no âmbito da coletividade em que se manifestam.

Mas, como toda história começa para terminar com um final feliz seguindo o ritmo concatenado e perfeito da natureza, é previsível que, em algum momento, o indivíduo desperte, e volte a experimentar as emoções que o animavam quando gozava de vitalidade e vontade de ser quem se é. Para que assim, supere seus estados de insatisfação e se liberte de tudo que consome sua energia vital. Adquirindo dessa forma, a autonomia capaz de construir a realidade na qual o sentimento da gratidão seja predominante.

Diariamente, a natureza oferece exemplos simples do que funciona e do que não funciona neste planeta. Por exemplo, nascer, crescer, se reproduzir (ou não) e morrer fazem parte do ciclo da vida física. Assim, sempre que essa sucessão de eventos acontece mais ou menos nessa ordem interpreta-se a ocorrência da normalidade no âmbito da experiência humana. Ou seja, toda pessoa nasce completamente dependente e, ao longo de sua vida, percorre etapas que lhe asseguram o desenvolvimento de cada vez, maior autonomia. Porém, cada etapa que compõe esse processo de libertação pode ser ou não encerrada com êxito.

As vitórias sobre os estados de dependência são registradas com satisfação e as derrotas como frustração, tendendo ao esquecimento por se tratarem de tentativas ineficientes de acerto. Quando a próxima etapa não é alcançada com harmonia e parte desse ciclo é interrompido ou perde a sua funcionalidade, interpreta-se a ocorrência como inadequada ou insuficiente. A harmonia é o sinal de que uma etapa foi concluída com êxito.

Existem pessoas que nascem, não crescem (no sentido de amadurecer para as fases seguintes), se reproduzem e morrem, deixando mais hiatos (ausência de registro) do que memórias de um ciclo no tempo. Essa falta de registro, esse buraco, essas situações que não foram concluídas com harmonia, provocam a fragmentação dos corpos invisíveis que sustentam a forma física da pessoa. Essa falta de informação, que no geral começa com uma frustração e evolui para emoções destrutivas numa mente inflexível, pode destruir silenciosamente as aspirações mais nobres e saudáveis que animam as pessoas. Mas a pessoa não percebe que esse desgaste dos corpos invisíveis está acontecendo, porque tudo acontece na parte subconsciente de sua mente. Não fosse a necessidade de julgamento de valor e atribuição de significado para a vida das pessoas, esses eventos destrutivos, não passaria de mero acontecimento. Sem grande impacto na passagem do tempo.

Porém, quando chega a hora de classificar o experimento como bom ou ruim, funcional ou não funcional, adequado ou inadequado, as vitórias são boas e as derrotas ruins. As primeiras são registradas com a caneta da alegria/satisfação, enquanto as últimas esboçadas com o grafite da frustração, do sofrimento por faltar compreensão e entendimento de que o esforço ainda não foi suficiente para se alcançar o objetivo que criar harmonia.

Aprimorar o entendimento a respeito dos ciclos da natureza tem sido algo tão importante para fortalecer a consciência das pessoas, que vem determinando o ritmo de aprimoramento das civilizações que se tem conhecimento na história da humanidade. Seja na escala de dias, décadas ou milênios, quanto mais as pessoas concordam com a realidade cíclica da natureza e menos resistência oferecem às leis naturais que a regem, melhor é a qualidade do registro das suas experiências representadas pela harmonia entre o início, o meio e o fim efetivo dos incontáveis ciclos que compõem a experiência humana.

Geralmente, as etapas anteriores inspiram novos objetivos com base no conjunto de conhecimentos que vai gradualmente simplificando as escolhas, ao ponto de em certo ponto, não precisarem mais de tantas correções. Essa assertividade, sugere que a pessoa está se expressando com cada vez mais consciência das suas necessidades materiais e imateriais. A pessoa está conseguindo administrar com cada vez mais maestria, as suas demandas diárias de superação pessoal. A perspicácia de raciocínio para lidar com os desafios e limitações diárias está cada vez mais afiada. Esse aprimoramento evolutivo diminui restrições e limitações impostas aos seres humanos, e vem desde a pré-história favorecendo a fixação e expansão da vida e não o contrário.

Pois, **o que não é natural exige um impulso de ação para surgir e doses de esforço muito grandes para se manter, tendendo mais para a extinção do que para a sustentabilidade.** Isso é o que se observa nas passagens de ciclo, em que a saída momentânea da zona de conforto é sustentada pelo amadurecimento disponível para a próxima etapa do processo, que acontece sistematicamente.

Ritmo que pode estar relacionado com a expressão da consciência que se manifesta através do desenvolvimento de novas habilidades, sendo momentaneamente encerrado pela fixação do aprendizado através da capacidade de transmissão de conteúdo próprio para que, na sequência, se manifeste com maior profundidade.

E no que isso pode ajudar no cotidiano da vida?

De acordo com o pequeno espaço amostral considerado nessas linhas, tudo indica que quanto mais atentas as pessoas estão para os ensinamentos da vida, mais adequados são os registros de suas experiências diárias. O que significa dizer que as evidências da expressão da felicidade estão relacionadas diretamente com a maturidade e a coerência entre o pensar, o falar e o agir dos indivíduos. Ou seja, quanto mais as partes estão de acordo com a totalidade do conjunto, o conjunto se comporta em favor do aprimoramento daquelas partes. A pessoa é a totalidade. Seus incontáveis desejos e/ou vontades são as partes (que nem sempre se apresentam alinhadas com o objetivo do todo, embora as partes existam se ajustar ao todo).

Devido a essa capacidade de aglomerar vontades, experiências prévias e anseios futuros, as pessoas podem ser consideradas uma espécie de "aglomerado espiritual" *(Figura 2)*. Até certo ponto, esta afirmativa é correlacionável com as recentes descobertas no campo da genética que, no entendimento da autora, pode ser uma das conclusões extraídas do Projeto Genoma Humano (2001). Nele, resumidamente, se conclui que o ser humano guarda muito mais similaridades do que diferenças entre as diferentes espécies de seres vivos analisadas. E ainda, sugerindo o deslumbramento com que os cientistas assistem os esforços na busca pelo conhecimento da natureza humana com uma frase de T. S. Eliot: *"Não vamos cessar a exploração. E o fim de toda nossa exploração, será chegar aonde começamos e conhecer o lugar pela primeira vez"*.

Surpreendentemente, algumas das conclusões do Projeto Internacional que reuniu pesquisadores e laboratórios de diferentes partes do globo com o objetivo de desvendar a origem dos seres humanos é que: somos mais semelhantes do que diferentes.

Se o banco de dados constituído pelas análises de DNA humano e de determinados seres vivos não passa de um conjunto de metadados, a quem cabc transformar essa informação em conhecimento? Conhecimento do tipo que liberta as pessoas da ignorância. A quem cabe transformar essa informação em autoconhecimento? Você é a pessoa que pode transformar essa informação em conhecimento que facilita sua condição humana, e na sequência, aumentar suas chances de se realizar como indivíduo.

Para facilitar a questão do autoconhecimento, segue um esboço que fez a diferença para pessoas que buscavam alinhar seus propósitos pessoais, profissionais e espirituais ou vocacionais e que, de certa forma, trata da origem da natureza humana, ao considerar o indivíduo como um aglomerado de experiências pretéritas, seja através da carga genética ou da preexistência da alma (Figura 2)

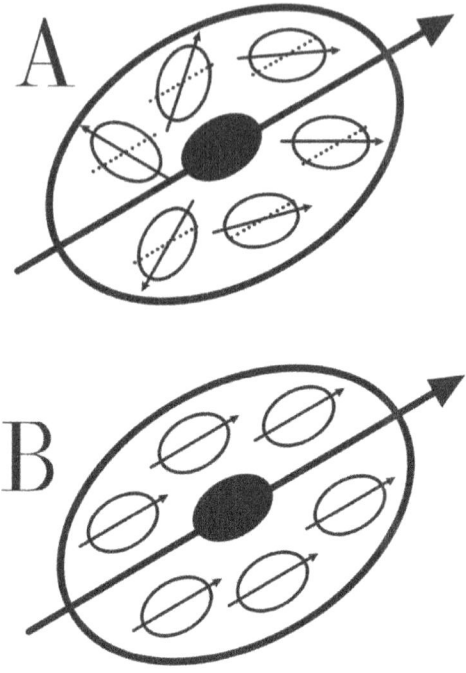

Figura 2: O conjunto de setas desorganizadas (A) e organizadas (B) representa ¨os níveis de estruturação da mente, das emoções, da energia biopsíquica e do corpo humano¨. A organização dessas ¨forças¨ determina o tipo de personalidade predominante: proativa (B) ou reativa (A) das pessoas. Os dois conjuntos representam o "aglomerado espiritual" ou o "conjunto de personalidades prévias ou emoções que compõem o indivíduo". As elipses menores representam as personalidades ATUAL (na cor preta e alinhada com a seta maior) e PRETÉRITAS (sem preenchimento e com direcionamento próprio – setas menores). A seta maior e principal representa o sentido e direção do indivíduo em sua plenitude. As setas menores sugerem as inclinações e vontades em acordo ou

desacordo com a vontade predominante da pessoa. Toda personalidade possui uma orientação principal, representada pela seta maior, e orientações secundárias, representadas pelas setas menores, ou setas guias.

As imagens A e B representam respectivamente os extremos das possibilidades de associação observadas em indivíduos que apresentam personalidade proativa (B) ou reativa (A). Apresenta-se com esses esboços o que pode ser chamado de **CONFLITO DE GERACÕES** (A): onde não há alinhamento de propósito entre as personalidades ou emoções passadas e atual, e **SINERGIA DE GERAÇÕES** (B): em que a personalidade atual, fortalecida pelo conhecimento de si mesma e de todas as coisas, atribui sentido para energia destinada por seus antepassados em suas emoções atuais. Esse alinhamento com a carga de seus antepassados, ou suas próprias experiências passadas e as emoções que a pessoa experimenta produz energia vital suficiente para que a pessoa seja e viva a sua experiência pessoa com satisfação. É importante dizer que o esforço necessário para rotacionar as "setas guias pretéritas" de acordo com a "atual" no geral, representam a superação dos desafios de diversas naturezas.

A partir desse momento, as experiências traumáticas (de fracasso) são analisadas com distanciamento e passam a ser consideradas lições difíceis (ou experiências que não deram certo e precisam apenas ser refeitas) e seguem gradualmente para a condição de memória insignificante. O que economiza grande parte da energia mental da pessoa, que passa a ser direcionada para os registros qualificados desse aglomerado de experiências pretéritas. Pois sim, a humanidade tem sido muito generosa com seus descendentes. Basta destinar um olhar justo para as infinitas conquistas que aumentaram o conforto material e estreitaram os laços de familiaridade entre semelhantes oriundos de múltiplas culturas. Nem mesmo a barreira da linguagem tem impedido que a comunicação efetiva e fraterna seja alcançada. O que se experimenta com esse alinhamento de propósito injeta uma quantidade de certeza tão grande no interior da pessoa que afasta boa parte das dúvidas que diariamente insistem em se apresentar na vida dos indivíduos.

Pois de forma inversa, quando o pensamento, as palavras e as ações dos indivíduos não se conectam, acontece a fragmentação do conteúdo, que se manifesta pelo excesso de dúvidas a respeito da experiência que se deseja viver.

Porque sim, o ser humano parece representar um aglomerado de experiências pretéritas, seja pelas evidências evolutivas das características físicas a espera de confirmação, com a descoberta dos "elos perdidos", seja pelos avanços no campo da genética, que indicam mais semelhanças do que diferenças no DNA das pessoas espalhadas pelo planeta, seja pelas escrituras sagradas, desconsideradas no universo científico – mais por falta de ferramentas capazes de transformar esses dados em informação do que pelo valor que esse conhecimento de fato acrescenta.

Afinal, a fé é por si só, a expressão do "outro poder" (vide as referências aos deuses de cada povo ou das forças de equilíbrio da Natureza) que faz as pessoas atribuírem sentido para suas existências.

Enfim, as evidências que apontam para o axioma de que "o nível de consciência disponível na humanidade está aumentado com o desenvolvimento das múltiplas inteligências atribuídas aos seres humanos". As evidências são bastante consistentes, entretanto, por se tratar de um conceito ilimitado, as pesquisas estarão sempre aquém de seus melhores esforços. Estando o seu grau máximo, até o momento associado à expressão de uma "melhor inteligência". Que nesse livro é considerado o Quociente Espiritual observado em pessoas bem experimentadas em diversas habilidades e que no geral, amam o que fazem (Zohar & Marshal, 2000). Essa espécie de "melhor inteligência" é capaz de atribuir sentido para as relações de causa e efeito ao ponto de construir realidades adequadas à experiência de paz, aumentando as chances de respostas assertivas para as questões que mais afligem os seres humanos. Dentre as mais famosas estão:

> "Quem sou eu"?
> "Por que estou aqui"?
> Segue uma possível resposta, para quem não tem nada em mente: Eu sou um ser vivo capaz de produzir amor e que está aqui para aumentar a harmonia dentro de mim e no meu entorno.

Por isso, quanto maior for o entendimento entre as linguagens filosófica, religiosa e científica, maior será a chance dos diferentes tipos de cultura espalhadas pelo mundo, encorajarem e respeitarem as diferenças que produzem maravilhamento. Maiores serão as chances, inclusive, de se atribuir novo significado para o conceito das diferenças, de modo que represente a infinidade de variações da matéria, capaz de guardar em si, a semelhança original. De onde surgiram as mudanças necessárias para criar as inúmeras possibilidades de construção da realidade.

E acredite, a energia necessária para formar os elementos químicos que deram origem ao mundo material como o conhecemos, só pode ser explicada através de reações químicas e físicas de organização da matéria existentes no interior de corpos celestes. Portanto, da próxima vez que olhar para uma tabela periódica ou suas variações, lembre-se de que tudo que existe e que se tem conhecimento, no momento, surgiu no interior de corpos celestes e seja camarada com os amigos que admitem "uma origem celeste ou divina para a humanidade e percebem Deus por todos os lados". Isso não vai impedir você de continuar a ser racional e criterioso. Vai apenas lhe manter no modo da fé inabalável, que "encara a razão frente a frente em todas as épocas da humanidade". O que faz bem tanto para o amigo que corre o sério risco de sair da órbita de seu próprio planeta, por perceber muitas semelhanças em meio às diferenças, quanto dos que não enxergam assim, mas apreciam a presença dessa qualidade de gente cheia de fé por perto delas.

A percepção das semelhanças nas diferenças só faz sentido para os que conseguem raciocinar e sentir a realidade sob a ótica da inteligência espiritual. Pensar que, em última análise, são os átomos a essência de toda a variabilidade que compõem a matéria, ao mesmo tempo que se percebe que a matéria que é completamente dependente em sua essência, ao se diferenciar, adquire vida, INCAPAZ de se manter e recriar sozinha.

Por essa razão, não parece haver chance alguma, da humanidade superar os desafios, históricos e da atualidade, de se sustentar como espécie, sem considerar como estratégica a extinção do egoísmo. O que pode ter sido útil no passado para fins de individualização e diferenciação da matéria, precisa se modificar para acomodar a biodiversidade resultante desse processo. Dessa forma, tudo indica que o egoísmo existe para se transformar em generosidade.

E a generosidade acontece quando se enxergam essas semelhanças nas diferenças.

Quando o entendimento fragmentado do indivíduo se **integraliza** e este, se percebe como parte do todo, não por misticismo ou evidências analíticas, mas pela incapacidade dos seres humanos de existirem ou se reproduzirem isoladamente (nem a geração espontânea ocorre sem o ambiente favorável). E ainda, pela constatação de que somos feitos de partículas mais ou menos indivisíveis que continuam a guardar seus mistérios. Ou seja, todo conhecimento precisa ser utilizado, honrado e respeitado à custa de se perder ou depreciar o que há de mais precioso na existência: o tempo de vida.

Quantas vidas se perdem pelo excesso de ignorância ou pela falta do conhecimento?

Enquanto o desenvolvimento emocional e racional não for capaz de estabelecer o senso de pertencimento que surge com o amadurecimento da inteligência espiritual, os gênios da razão continuarão a materializar bombas atômicas que serão manipuladas pela ganância de pessoas emocionalmente desequilibradas.

Anônimos ou famosos, os indivíduos que influenciam positivamente a vida de seus semelhantes são os que devem ser considerados como catalisadores desse processo de autorrevitalização.

Focar, sem se prender, nas pessoas que se expressaram com integridade e consciência de sua própria natureza, em vida, ao ponto de estender sua influência para além da presença física (para além de seu tempo) alcançando claramente o status da imortalidade, ajuda bastante.

Isso tem ajudado aos que ainda não alcançaram o entendimento de se perceberem imortais ou infinitos, como a própria natureza tem sugerido desde a origem de nosso planeta. A pergunta que precisa ser corajosamente feita é: será que algo sem vestígio de começo e nenhuma perspectiva de fim é capaz de gerar algum sistema realmente fechado? Que sim, pode ser admitido para questões analíticas, mas não, não reflete a imprevisibilidade da vida e muito menos ajuda a responder as questões existenciais que sustentam o mundo interior dos indivíduos que constroem a realidade como a conhecemos.

> "...nenhum vestígio de começo
> e nenhuma perspectiva de fim"
> *James Hutton (1788)*

As forças da gravidade, do eletromagnetismo e nuclear forte e fraca, não são tão misteriosas quanto antes, mas podem na atualidade ser fantasmas para pessoas que desprovidas da oportunidade de aprender, desconhecem esses conceitos. Conceitos acessíveis para os indivíduos capazes de ler, que graças ao esforço de seus dedicados professores que desde o ensino fundamental e médio, lhes guiaram através da habilidade da leitura juntamente com o milagre da aquisição do bom juízo (bom senso) para compreender e criticar de modo construtivo o processo de aquisição do saber. Para, na sequência, se transformar gente que ignora em gente que se importa. De preferência, gente que se importa e que acrescenta, melhores formas de viver aos seus semelhantes.

Há muitas diferenças entre os bons exemplos de pessoas, desde que os indivíduos começaram a se organizar e consolidar estruturas econômicas e sociais. Cada qual adequada ao seu tempo e conjuntura, histórica e geográfica. As diferenças estão mais relacionadas com os desafios de cada grupo para se fixar e se expandir, do que com a essência da natureza humana em si.

Independente dos rótulos, especialmente os de "religioso ou ateu", quanto mais adversas as condições climáticas e geográficas, aparentemente mais experimentadas nas inteligências emocional e racional costumam ser as pessoas. Ao ponto de determinadas culturas expressarem a inteligência espiritual mais naturalmente que outras, inclusive desvinculada do pensamento religioso ou científico, como, por exemplo, os xintoístas no Japão, que buscam na beleza e harmonia da natureza a inspiração para desenvolver suas virtudes. Mas se trata de uma observação que requer maior esforço de análise, para adquirir o status de interpretação.

O que sugere pensar que, talvez estejam nas virtudes o horizonte de correlação para aproximar as diferentes interpretações sobre a Verdade.

Afinal, desprovidos do bom senso universal, observação, amostragem, análise, desenvolvimento e conclusão sobre os aspectos da realidade se tornam tentativas equivocadas e incapazes de suprir as necessidades humanas. Sem a hipótese de que a humanidade surge para experimentar estados cada vez mais fortalecidos de consciência, predominariam seus modos destrutivo e autodestrutivo de ser.

Sejam religiosos, filósofos, cientistas ou pessoas comuns (anônimos), foram e continuam sendo as criaturas virtuosas, as grandes fixadoras e mantenedoras do progresso e do fortalecimento da consciência humana.

Virtudes como respeito, amor pela verdade, disciplina, coragem, humildade, generosidade, compromisso, lealdade, dentre tantas outras, podem ser consideradas constantes de correlação entre as mensagens deixadas por sábios e gênios bem experimentados nos campos do raciocínio útil e das emoções, e de ambos.

Nesse sentido, podemos observar que todas as correntes religiosas e seus profetas, cada qual com sua linguagem específica, convergem no quesito "expressão das virtudes".

Desde "Os Vedas" com suas escrituras sagradas da ordem de 5000-6000 anos atrás para o Hinduísmo; os ensinamentos do primeiro ao último Buda conhecidos por Kakusandha e Sidarta Gautama, respectivamente no Budismo; toda a corrente de profetas que precederam Jesus Cristo e prepararam os alicerces do Cristianismo; até o último de seus profetas, o Misericordioso Maomé (Que Deus o abençoe e lhe dê paz) no Islamismo. A interpretação dos inúmeros intérpretes de diferentes vertentes religiosas, como por exemplo Paramahansa Yogananda (Hinduísmo), Shinran Shonin (Budismo), Francisco de Assis, Santo Pio de Pietrelcina (Cristianismo), Al Tirmizi (Islamismo), Allan Kardec (para o aspecto religioso da Doutrina Espírita). A lista é imensa e o que há de comum entre essas pessoas que viveram em tempos, culturas e realidades diferentes é o compromisso e a vontade de propagar e expressar virtudes.

Da mesma forma, a evolução cultural e artística do pensamento humano, por filósofos e cientistas como Sócrates, Platão, Leonardo da Vinci, René Descartes, Antoine Lavoisier, Linus Pauling, Albert Einstein, Carl Jung, entre outros. A lista é tão grande quanto a dos sábios religiosos. Nesse caso, as virtudes do intelecto são as mais evidentes, embora em alguns casos, não tenham sido suficientes para prolongar o fluxo de experiências felizes. Nunca se saberá se Deus fosse uma hipótese necessária para

Antoine Lavoisier, sua morte teria sido evitada nos primórdios da Revolução Industrial. Embora também seja verdade que muitas vidas foram interrompidas por conta de interpretações equivocadas a respeito de "deus".

O que indica que o esforço para encorajar e ressignificar a função das diferenças precisa continuar até que as diferenças não sejam destrutivas, porém construtivas.

Ambas as linhas do pensamento foram de grande importância para a humanidade, em sua busca pelo conhecimento e pela verdade, desde o passado remoto até o tempo mais recente.

Assim como a natureza se modifica e se expande todos os dias, os seres que nela habitam conscientes ou não disso, estão submetidos a essa mesma regra. Se, por alguma razão, as mudanças diárias deixam de acontecer, o bom funcionamento da vida se interrompe até que volte a funcionar novamente.

Pode ser um simples cansaço, aquela falta de vontade para fazer o que precisa ser feito para que todas as outras atividades do dia sigam concatenadas até o momento do descanso derradeiro, que terá seu fim para recomeçar no dia seguinte. Nesse pequeno ciclo que deve acontecer da maneira mais harmônica e repleta de propósito possível, para que o despertar seja agradável e sobrem motivos para avançar na direção mais agradável que existir. Para que cada vez mais indivíduos possam gerar, em um curto espaço de tempo, a transformação mais esperada pela humanidade ao longo de sua história: a extinção do egoísmo. A queda de todo tipo de muralha e perda de sentido das barreiras geográficas.

Tanto os ambientes implantados no planeta quanto seus habitantes apresentam sinais de fadiga generalizada. As guerras, as limitações de recursos fundamentais para a vida física como conhecemos, a insegurança, as doenças do corpo e da alma, a atmosfera da mudança indeterminada que amedronta mais do que encanta, a falta de perspectiva, enfim, tudo.

Toda a realidade, neste momento, aguarda a decisão da maior parte, ou da parte mais intensa de consciências substanciosas, para desencadear a ação tão desejada. Muitos já vislumbram e experimentam o prazer de uma vida em harmonia com as Leis Universais que se fundamentam na integridade.

Uma vida íntegra é a mais poderosa ferramenta de transformação das consciências e de ajustes da realidade.

Uma vez marcada pela integridade, não há mais retrocessos nem paradas para aguardar os demais. A integridade lança os seres para dimensões maravilhosas em espaços curtos de tempo, além de apresentar, recursos que garantem sua expansão e aprimoramento intermitente.

Para alguns, faz sentido imaginar que as grandes almas, bem experimentadas no amor, agradecem gentilmente por cada exemplo de iluminação que seus irmãos caçulas oferecem no íntimo de seus corações e no silêncio de suas anônimas ações. É certo que, o que pode ser denominado espiritualidade amiga, se eleva e se fortalece a cada pensamento, sentimento, palavra de ação incondicionalmente fraterna, humilde, generosa e amorosa que se observa nas escolhas dos que alcançam essa percepção e o entendimento de que o individual e o coletivo são duas faces de uma mesma moeda.

A moeda mais valiosa e disponível em todas as épocas da humanidade.

Se espiritualizar sem depreciar ou desvirtuar o mérito da oportunidade material é possível e natural para quem escolhe e decide fazer o que é adequado e conveniente.

Especialmente, quando tudo acontece para além das paredes físicas dos lugares que estimulam esses valores espirituais de bondade e de paz. Quando os comportamentos virtuosos se manifestam para além dos limites físicos das igrejas, sinagogas, templos, santuários, mesquitas, lugares sagrados. Para além da indiferença ao sofrimento alheio. Fazer o que deve ser feito, independente de holofotes é a normalidade. Isso porque a substância de que todos somos feitos é a mesma. Isso faz com que, o prejuízo e o lucro, seja sentido pelo todo. Como por exemplo, um lugar de pessoas abandonadas a própria sorte e a miséria, será sofrido para os miseráveis e perigoso para os afortunados. De forma inversa, um lugar onde os mais vulneráveis são assistidos e orientados a se libertarem da ignorância e miséria econômica, é agradável para os vulneráveis e, seguro para os afortunados, que adquirem o sentido de treinar quem é menos habilidoso a se tornar uma pessoa mais autônoma.

O desperdício de um é o desperdício de todos e vice-versa. Pode não parecer, mas compartilhamos um mesmo planeta, ainda que cada um habite sua própria realidade. Mesmo para os que ainda não se percebem sementes da divindade (ou oriundos de corpos celestes que organizaram os elementos químicos utilizados para expressar a vida), considerem a possibilidade de estarem sendo guiados por seus anjos da guarda, ainda que estes ¨anjos¨ sejam carinhosamente chamados de:

Atenção

Disciplina

Perseverança

Integridade

Honestidade

Amorosidade

Certeza

Sabedoria

Realidade

Segurança

Paz

Esperança

Fortaleza

Acolhimento

Redenção

Coragem

Bondade

Compaixão

Humildade

Compromisso

Gentileza

Respeito

Vitalidade

Alegria

Entendimento

Compreensão

Cuidado

Resiliência

Gratidão

Responsabilidade

Bom senso

Beleza

Harmonia

Dedicação

... e todo tipo de virtude que se possa imaginar.

Para que, na medida das possibilidades de cada um, predomine a fé, a harmonia, o sincronismo, a constância e, acima de tudo, a vontade de realizar exatamente o melhor que se possa executar. As realizações serão cada vez mais duradouras e expressivas na medida em que cada um se comprometer com os exercícios diários de se perdoar, se conscientizar, se dedicar e agradecer pelas conquistas alcançadas.

Continuar a materializar essa realidade cada vez mais adequada a que se propõem, hoje, amanhã e sempre faz parte do processo de amadurecimento e revitalização das consciências despertas. A mensagem a seguir, fica de inspiração e reflexão sobre alargar o entendimento que se tem sobre "a caridade", que não aparece na lista acima, mas certamente tem a ver com as ações virtuosas.

Cara Idade

Incontáveis são as possibilidades de entendimento de uma mensagem.

Gratificante é a utilização de todo tipo de entendimento aplicado na construção de realidades cada vez mais adequadas ao exercício das experiências felizes. Objetivo íntimo do indivíduo que em sua tenra idade expressa sorriso infantil e olhar radiante, ambos paulatinamente abandonados com o passar do tempo em atmosfera inadequada à manutenção e expansão dessa energia de bem-estar.

Mas, desde o início, há excessivos esforços no sentido de qualificar a materialidade. Esforços que se intensificam com a maturidade das civilizações que se desenvolvem nos planetas, com os indivíduos que atingem a estimada idade, a cara idade, que é o precioso tempo de amar com maturidade.

O que engloba aparentemente um conjunto de atitudes virtuosas, reflete mais do que a natureza da ação em si. Marca os limites do tempo de despertar para o universo de recursos disponíveis para a realização da intransferível tarefa da experiência humana, do fascinante episódio em que a alma, consciente de sua natureza, encontra-se como a melhor versão de si mesma e faz acontecer o melhor que há.

A partir desse estágio sim, a CARA IDADE desconhecida pode ser definida como um estágio de superação da pessoa sobre si mesma, capaz de beneficiar quem caminha ao seu lado, naturalmente. Em posse dessa habilidade, as relações de dar e receber são substituídas pelo combate diário, metódico e persistente contra os estados de dependência e ignorância que alimentam o mal de diversas formas.

Para que esta se torne a normalidade, é necessário que se multipliquem os pontos de educação e instrução dos seres, cuja natureza física e sutil tornam-se cada vez mais evidentes na atualidade. Tamanha mobilização fornecerá a energia mais duradoura do universo. A energia que não depende de externalidades porque surge da vontade mais persistente, da ação mais concatenada, do fluxo que mantém o universo e que, por falta de termo mais apropriado, denominamos amor. O mesmo amor popularizado pelas escolas de Viver em Deus e que impregna as ações que impactam positivamente a vida da sociedade.

Enquanto esse tipo de caridade desconhecida não floresce e aparece, que sejam as suas raízes colocadas à prova da maturidade do entendimento humano para que, se estiver de acordo com a expressão adequada da realidade, resista ao tempo e ao crivo da razão.

2. Compromisso para consigo mesmo

Existem diversas formas de expressar respeito, admiração e gratidão por lugares que despertam a melhor versão das pessoas. Mas, lembre-se, o lugar mais sagrado que existe é o que acomoda a sua própria consciência, ou seja, você. E quanto mais você passar por lugares feitos de verdades, mais saberá sobre si mesmo, aumentando as chances de se encontrar com a pessoa mais importante da sua vida: você mesmo.

Longe de esgotar o assunto, aqui será descrita mais uma forma de se comprometer consigo mesmo e de honrar espaços sagrados por legitimidade, responsáveis por impulsionar gente cansada de seguir contra o fluxo intermitente que move o universo, a se colocar na direção e sentido favoráveis ao despertar de sua consciência de paz. O que alguns chamam de "vida em Deus" ou "fé no outro poder", nada mais é do que uma postura de compromisso consigo mesmo, de fidelidade aos pensamentos íntimos que estruturam a personalidade do seu ser, um acordo e uma promessa de não se abandonar e não colocar a vida de outra ou outras pessoas num lugar mais importante do que a sua própria existência, ainda que a experiência da autorrealização tenha haver com a descoberta de qual a melhor forma de nos colocarmos a serviço de nossos semelhantes. É assim que surgem as coleções de experiências mais felizes que uma pessoa consegue vivenciar.

Para começar a se comprometer consigo mesmo, reconheça-se como ser imaterial habitando o corpo físico. Sinta-se como o conteúdo de um "envelope tangível" enviado para este planeta. Veja-se como uma carta de Deus ou o registro que você traz do Universo, que precisa ser desvendado. Cada consciência, ao se abrir para esta vida, das mais variadas formas, guarda em comum entre si, o desejo de decifrar a si mesma. Tal qual a própria essência divina e misteriosa, a consciência traz marcada em si, as leis conhecidas e as que ainda estão por ser percebidas.

Qual mensagem que cada indivíduo traz? Ou quais as mensagens? Ou ainda, quais destas, serão histórias de amor ou de dor? Quem configura o conteúdo do envelope? Será que a mensagem que chega pode mudar? E se pode mudar, de que para o quê? Quais os fatores que promovem tais modificações no interior do "envelope"? Será que existe uma "mensagem" original que explica tudo que se deve saber sobre o Universo (pessoal ou coletivo)? Se existe, onde se encontra essa mensagem? De que adianta, para a pessoa comum, decifrar essa linguagem ou conhecer esse "registro"?

Todos os questionamentos anteriores podem ser silenciados com as mensagens e sugestões dos sábios, não apenas intelectuais que caminharam ou acredita-se que tenham passado por esse planeta. Um dos iluminados que deixou uma indicação nesse sentido para a cultura ocidental foi Jesus (Que Deus o abençoe e lhe dê paz) através de um de seus discípulos que atribui a seguinte afirmação como sendo oriunda de seu amado amigo e mestre:

> *"Conhecereis a verdade, e ela vos libertará"*
> *(João 8:32)*

É pela expressão da própria verdade que a alma se permite mergulhar na realidade material. Mergulho este que, em almas pouco experimentadas, amedronta, confunde, limita (não apenas na forma física, mas em termos de perspectiva) e agride (sempre que a parcela imaterial do ser é ignorada pela parte material, ou vice-versa. Ação que acaba por desqualificar uma ou outra parte do ser, sistematicamente).

Ainda que a imaturidade da alma se expresse sob a forma de conflitos e contradições, a recompensa oferecida pelo adiantamento moral e intelectual adquirido com o passar do tempo é mais do que atraente ao espírito humano: o acesso, domínio, expansão e fortalecimento da consciência de si mesmo.

Acessar a si mesmo, dominar-se na íntegra e expandir as próprias perspectivas, configura sinal de respeito, bom senso e sabedoria para consigo mesmo e para com os que seguem ao seu lado.

Pessoas que passaram pela experiência da realização da própria verdade contribuíram significativamente para a expressão da realidade como a conhecemos. Realidade que, ao que tudo indica, sempre pode ser melhorada indefinidamente, tantas quanto forem as perspectivas de realização humana.

Mediante o exposto, seguem algumas sugestões de hábitos que podem ajudar no reencontro consigo mesmo:

- Seja forte! E lembre-se de que as pessoas podem ser verdadeiros milagres na vida umas das outras;
- Use a alimentação adequada, a prática de atividade aeróbica regular, a seleção de conteúdos saudáveis e compatíveis com o aperfeiçoamento de suas virtudes;
- Encare as limitações como mantenedoras e desenvolvedoras de sua fibra moral e seja fiel, honesto e afetuoso em todas as situações, especialmente quando tudo indicar que você tem o direito de ser grosseiro ou se sentir impedido de falar a sua própria verdade. Nessa hora, lembre-se das leis da física e tenha certeza de que suas ações geram

reações de mesma intensidade e em sentido contrário;

- Separe as situações ruins das pessoas que fizeram parte do evento e reconsidere seu julgamento sempre que a decisão escolhida não for compatível com a expressão mais alegre, indulgente, humilde e generosa de si mesmo;
- Procure ambientes santificados pelo Amor ao Estudo, pela Vida em Deus, pela exuberância da Natureza, para aumentar sua vontade de qualificar sua própria realidade;
- Movimente seu corpo e, quando parecer que não vai mais aguentar, insista por alguns segundos para conhecer de fato o ser sofisticado que existe dentro de você;
- Relaxe sempre que precisar expandir seu campo de energia;
- Desapegue-se de tudo que não significa "o algo de melhor" que você queira experimentar;
- Estabeleça laços afetuosos com seus semelhantes;
- Trabalhe e viva dos seus recursos próprios;
- Não seja limitado, mas tenha limites e respeite os limites dos semelhantes e dos aparentemente diferentes;
- Sinta as bênçãos que o trabalho lhe oferece ao mesmo tempo em que sua alma contribui com a parcela que lhe compete na construção de realidades cada vez mais adequadas ao acúmulo de experiências felizes;

- Seja útil e não sofra com a falta de perspectivas dignas de sua natureza divina. Santifique o trabalho em cada ação, ainda que não seja exatamente o que sente que veio fazer no mundo. Quando menos esperar, estará agradecendo também por fazer o que ama;

- Correlacione histórias e causas comuns sempre que forem capazes de fortalecer a consciência dos indivíduos e, consequentemente, elevar a alegria e satisfação neste orbe;

- Respire profundamente e em estado de prece, pois é nesta condição que você escolhe sempre as mais eloquentes e magnetizantes expressões de si mesmo;

- Ame-se e jamais desista de melhorar a si mesmo. Desconhece-se os limites do aprimoramento pessoal e espiritual. Embora, seja amplamente conhecido o bem-estar relacionado a esse tipo de aperfeiçoamento;

- Sejam sua decisão, vontade e ação abençoadas ou alinhadas com as leis universais vigentes no universo;

- Alinhe seus pensamentos e confie diariamente por alguns instantes de que se está exatamente no lugar em que deseja estar, consciente da transitoriedade desse momento;

- Se suas aspirações estiverem de acordo com a Lei Maior (do Amor), abandone todo tipo de descrença, medo e sentimento de infortúnio.

Está, e permanecerá tudo, da melhor maneira possível;

- Demonstre afeto e construa ambientes afetuosos;
- Ensine as pessoas a santificarem seus pensamentos e suas ações, colocando exemplos do que se trata ao alcance do que lhes falta;
- Que as autoridades, para cada tipo de tarefa, sejam legitimadas pela postura de quem exerce a ação e nunca imposta ou delegada a quem não se preparou para o serviço;
- Busque ser espontâneo. Embora, a espontaneidade seja uma característica que não se aprende e nem se ensina, mas se desfruta.

- Descubra o que você quer e tenha alguém por perto para se alegrar e se realizar com esses objetivos. A autorrealização parece ser solitária, mas não é.

Se com essas dicas singelas o bom humor não predominar na realidade que surgir na prática, será porque o treinamento precisa se tornar natural e a mente aberta precisa procurar melhores maneiras de se expressar. Todos são livres para exercer sua própria criatividade nesse sentido.

Até onde se sabe, os semelhantes que vivem sabedores, dentre outras, dessas simples verdades, demonstram vitalidade, integridade e paz nesta existência material. Existem boas escolas a esse respeito espalhadas pelo mundo.

Mas se, por exemplo o leitor estiver no Rio de Janeiro, Brasil e o desejo de se comprometer consigo mesmo surgir, procure alguma escola de viver em Deus. Dentre as disponíveis existe a Casa do Padre Pio (http://www.padrepio.org.br), irmã do Lar de Frei Luiz, amigos inseparáveis de Jesus e sua falange de amigos iluminados como Yogananda, Bezerra de Menezes, Meimei, Sheila, Chisco, dentre outros.

Você que lê essas linhas, com a alma desperta para trilhar os mesmos caminhos de Amor que nossos irmãos mais experimentados abriram com a força, a atenção e a naturalidade de suas virtudes, se sintam bem-vindos e acolhidos por essa Força Maior, que a cada dia aproxima mais a humanidade de sua identidade divina, em essência jamais perdida.

Dentre tantas formas de se desfrutar das benesses de lugares santos, segue mais essa que tem servido muito bem para quem se aventura por este caminho de sorrisos acolhedores e decisões assertivas. E seja qual for o santuário que escolher adentrar (incluindo sua própria casa), lembre-se:

Se precisar de médico, entre como se estivesse em um hospital. Lembre-se que há médicos e doentes no ambiente. Concentre-se nos médicos, no que seguramente lhe será prescrito, na sua vontade de se curar, nas etapas do seu processo "único" de fortalecimento da consciência e auto apropriação de hábitos virtuosos.

Concentre-se no que de melhor você deseja ser e experimentar. Lembre-se de quando sua alma se encontrava em um estado de paz, plenitude e satisfação. Retorne aos estados naturais de harmonia do seu ser no invólucro material. Preste atenção nos médicos e colabore com a cura dos demais pacientes, sendo você mesmo um exemplo de "alma curada". Tenha sempre em mente que:

> Inconsciência curada é consciência concentrada.

Se precisar de professor, não será tão fácil, mas também não será impossível porque, por incrível que pareça, aluno e professor se procuram pela relação de mútuo aprendizado. E há professores que não admitem o título de mestre, por se sentirem na condição de eternos aprendizes.

Mas não desista, mesmo quando o sentimento de incapacidade e incompreensão for maior do que as forças, por hora disponíveis, siga educando as emoções e os pensamentos. Não permita que as situações difíceis que fazem parte do processo de apropriação do aprendizado lhe roubem a lucidez da vivência.

Caminhe ao lado dos que desejam sua companhia e deseje a companhia dos que não lhe compreendem, pois serão esses "os que poderão ser considerados verdadeiros mestres", mais exigentes e menos galanteadores, que lhe conduzirão pelos caminhos de aprimoramento que sua natureza exige para se libertar do desconhecimento.

Se no caminho houver desenganos, perdas, traumas ou dores profundas, acredite, assim como os músculos se fortalecem com o peso acima do que aparentemente podem suportar, são esses entraves que farão surgir a fibra moral e intelectual necessárias para sustentar suas próprias convicções. Porque sim, na maior parte das vezes, cada tarefa guarda em si a solidão do aprendizado pessoal. Ainda que, na sequência, o ensinamento de um, possa ser válido para a coletividade.

Quando menos esperar, seu professor estará na sua frente, iluminando seu caminho com a experiência e a sabedoria necessárias para acrescentar o conteúdo desejado e ajudar a direcionar sua energia. E ainda que falte coragem para propagar a mensagem dos que lhe precederam, que parecem distantes de seu entendimento, à custa de novas interpretações equivocadas que lhe tirem a paz e a alegria, arrisque. Faça o que tem que ser feito com humildade, consciente dos riscos que a inadequação da linguagem pode resultar. **Todas as faltas cometidas por amor à Verdade serão perdoadas, mas se concentre em não as repetir indefinidamente.** Da mesma forma que uma mãe persevera ao guiar os passos de um filho, não há imaturidade que resista a passagem "do tempo" e "aos ciclos da vida". Ambos são mais fortes do que a ignorância.

Esse é o tipo de mensagem que se repete nas pessoas comprometidas e fiéis a si mesmas. Sugestões que serão cada vez mais naturais, à medida que a inteligência for equilibrada pelo bom juízo, razão primordial da existência do ser.

Sendo os semelhantes mais experimentados no bom senso, os capazes de oferecer a abertura de perspectivas sem rótulos. Que é quando o anonimato se apresenta, sempre que a qualidade da informação fala por si própria e é valorizada pelo completo entendimento da necessidade de compromisso para com as Leis do Amor.

De tudo, o que essas consciências mais experientes desejam passar adiante é, sem dúvida, a vontade de encontrar o melhor de si mesmo, o pensamento mais adequado, mais próximo da habilidade da criação, que por falta de termos mais eficientes, pode ser considerada "a vida em Deus" ou a "fé no outro poder".

Essa experiência de não se perder de si mesmo no decorrer das existências. Uma vez que o inverso pode ser considerado "a experiência do inferno", para aquele quem se abandona ou que se perde de si mesmo.

Por essas e tantas outras razões, que sejam as luzes dos mais experimentados, o Norte e a inspiração, o cheiro e o gosto que despertam a vontade de colecionar virtudes. E muita atenção no que diz respeito ao trabalho. Pode parecer pouco ou quase nada, mas de certo, todo milésimo de centímetro em direção e sentido favoráveis à construção de realidades felizes serão sabiamente recompensados. A moeda mais valiosa aos que vivem de colecionar virtudes é a liberdade que advém dos bons hábitos, que refletem o maior compromisso que se pode ter para consigo mesmo.

3. Imaginação x Realidade

Considerando a etimologia da palavra imaginação como a ação de montar uma imagem, cópia ou retrato mental de algo, faz sentido pensar que o conceito sugere a preexistência do objeto imaginado. Antes mesmo, de se tornar tangível à percepção dos sentidos humanos, mediante a disponibilidade de recursos para materializar a ideia. O que significa dizer que o que pode ser pensado de certa forma já existe. E, portanto, compõem a realidade.

Somada a essa condição, a liberdade dos indivíduos para destinar sua atenção para o que quer que seja, fica fácil entender porque a realidade não para de se diferenciar, acompanhando o ritmo da criatividade humana e os recursos e habilidades disponíveis na atualidade.

Ainda que a maior parte dos seres humanos perceba a vida através dos estados sólido, líquido, plasmático e gasoso no estreito espectro eletromagnético denominado "Faixa da Luz Visível" do mundo material, suas necessidades e aspirações diárias se mostram predominantemente de ordem imaterial. Especialmente no que diz respeito à sua dependência energética, uma vez que todo tipo de energia extraída da matéria para ser usada pelos indivíduos não pode ser tocada ou observada. O que se observa é o produto ou resultado do trabalho realizado pela movimentação da energia. Seja da energia extraída dos alimentos para sustentar o corpo humano ou para aquecer e/ou resfriar os ambientes, ou ainda, movimentar automóveis e etc. Enfim são as incontáveis formas de utilização da energia que mobilizam a matéria para fazer surgir a realidade.

Por essa razão, a "realidade" considerada nesse item, acomoda um amplo espectro, no qual a humanidade se manifesta, feito de matéria e energia. Os dois extremos, de natureza completamente diferente e relativa, que permitem a manifestação da realidade.

E como conviver em meio a tanta relatividade? Como diferenciar "o que existe" do que "não existe"? Ou ainda, "o que convém que exista" do que "não convém"? E como separar imaginação de realidade?

A resposta está em aberto. E espera-se que todas as possibilidades de respostas sejam consideradas. Mas para oferecer alguma sugestão ou possível resposta, que se inclua a possibilidade de materializar a realidade do coração e do intelecto em harmonia. Tudo que produza harmonia, merece ser realizado.

Para fins práticos de manutenção da saúde física, mental, emocional e espiritual/vocacional das pessoas, se faz necessário estabelecer limites firmes para o que pode ser chamado de realidade funcional e imaginação nociva.

Cada pessoa, por mais que viva predominantemente no seu universo mental e emocional, se expressa e é percebida pelos órgãos dos sentidos, na faixa do visível, composto pelas três dimensões: comprimento, largura e altura variando no tempo e espaço. Em última análise, na qualidade de onda eletromagnética, vibrando em frequências diferentes, consumindo e emitindo energia.

Apesar de haver muita relatividade em tudo na vida, a consciência humana é e será sempre o referencial considerado para cada indivíduo, porque é a partir de si mesmo que as pessoas observam, interagem umas com as outras e constroem a realidade conhecida. Havendo em cada pessoa uma realidade própria, que pode variar em um alcance de profunda satisfação até o completo desespero, em função da qualidade de seus pensamentos, emoções, sentimentos e intuições, muitas vezes relacionados com a influência externa, ou do meio em que se manifestam.

Simplificando o raciocínio: quando a qualidade dos pensamentos, emoções, sentimentos e intuições de uma pessoa são qualificadas e refletem um intervalo de tempo de etapas concluídas repletas de significado e contentamento, o que se observa é o sincronismo e a concatenação de eventos que se sobrepõem com tamanha harmonia que deixa uma marca de satisfação na história de quem vive a experiência e de quem assiste ao espetáculo, compondo uma realidade funcional, também conhecida como a realidade do coração ou do intelecto.

Em verdade, quando a pessoa está acordada para a vida, ela sente, na altura do próprio pescoço e por traz da escápula, um calor agradável que confirma suas boas resoluções para cada decisão tomada. Pode ser que não seja apenas o coração que está batendo. Mas uma irradiação de sensações físicas, extremamente agradáveis que confirmam a decisão pessoal do indivíduo e que, dificilmente colocam as pessoas em situações desfavoráveis.

Assim, faz sentido classificar essas sensações (para além do batimento cardíaco) também como realidade? Neste livro, sim.

Trata-se da realidade que direciona a energia das pessoas para as tarefas que fazem o ser vibrar de alegria e que, por estar de acordo com as perspectivas traçadas para essa vida, provavelmente garantirá o sustento e as condições necessárias para que a pessoa viva com dignidade.

Como o propósito pessoal é o que desperta toda a atenção do corpo e da mente, a qualidade da própria realidade depende muito do quanto se identifica e realiza os próprios objetivos. O que provavelmente estará relacionado com os objetivos de colaboradores, semelhantes e/ou diferentes.

Nesse ponto, se entende porque a tolerância e o respeito servem para fortalecer os laços de colaboração mútua em meio às diferenças.

Diferenças que não serão interpretadas como problema, mas como solução para as infinitas necessidades que constituem a vida dos seres humanos.

O que, em um primeiro momento incomoda o pensamento superficial, pode se transformar em uma boa oportunidade de treinamento mental na medida a mente consciente desperta e começa a alterar o seu entorno. Sempre que se sentir incomodado, sustente a postura mental que gostaria de experimentar, aguarde e observe se está sendo suficiente para alterar o entorno. No início parece coincidência, mas na medida que a situação muda em favor da sugestão mental que agrada ao indivíduo, nota-se que o acaso não existe.

Assim é que, ao identificar o que agrada e o que não agrada em meio à diversidade – seja na escola, no lar, no trabalho, enfim em sociedade – que a pessoa encontra inspiração e decide por um, ou outro, ou mais que um, caminhos. Objetivando sempre identificar e realizar com plenitude o próprio propósito, esteja o entorno favorável ou desfavorável.

As pessoas podem se considerar sistemas abertos, mas não furados, nos quais nenhuma energia é retida pela conclusão de etapas anteriores ou ainda pelo excesso de maus hábitos. Pensar assim pode facilitar o entendimento. Colocando de outra forma, na medida em que o tempo avança, a própria realidade é que irá sustentar o ânimo do indivíduo, rejuvenescer o corpo e o sorriso, e ainda garantir um ambiente aconchegante e seguro, feito de amizades sinceras, mesmo em meio às diferenças.

É a realidade que se cria que irá preservar o senso de utilidade da pessoa até o último dos seus dias. Aquele momento que engloba o último suspiro que provavelmente será seguido do despertar para um outro tipo de vida, independente de respiração. E tudo bem se essa afirmação não fizer sentido para o leitor. Sem esse tipo de oposição, dificilmente haveria a oportunidade de reflexão sobre a verdade que cada um carrega dentro de si. A crítica baseada no respeito é aliada no processo de fortalecimento da consciência. Por vezes, mais valiosa do que o elogio sem compromisso.

Assim, a realidade de alguém que vive acordado para as próprias necessidades materiais (pensamento e emoção) e espirituais (vocacionais) é a realidade de quem tem a convicção de que é um ser espiritual passando por uma experiência terrena. Um princípio inteligente que surgiu de um aglomerado de poeira cósmica e que, ao se desenvolver, transforma o planeta em lar.

Mas, se por alguma razão a imaginação nociva se manifestar, lute com todas as forças para se esquivar da confusão mental relacionada com essa situação de completa fragmentação e falta de conhecimento sobre si mesmo.

Estar perto de familiares e amigos que se importam sinceramente com seu bem-estar ajuda especialmente se forem pessoas bem experimentadas em algum tipo de fé. Mas, lembre-se, é da responsabilidade de quem permitiu a desconexão consigo mesmo, se reconectar. Porque o maior risco desse tipo de experiência é a capacidade de fazer a mente e as emoções construírem uma realidade inadequada que só existe dentro da pessoa e sempre que se manifesta, produz sofrimento, consome energia, baixa o padrão vibratório, cria o caos e coloca a lucidez da pessoa em patamares perigosos onde a falta de saúde, sobra fadiga, ocorre a perda do brilho nos olhos, e a insatisfação e a irritação são as emoções mais frequentes.

Nesse momento, os medicamentos mais eficientes são a respiração profunda e o exercício da presença. Enumerar as próprias conquistas e qualidades mais desenvolvidas também auxilia nesse processo de reconexão consigo mesmo. Identificar os pontos fracos e as concessões que foram sendo feitas à custa da perda de identidade é outro exercício imprescindível para que o processo de reconexão consigo mesmo seja bem-sucedido.

Não procure culpados, porque eles não existem. Só é possível encontrar responsáveis. Todos devidamente autorizados e na maior parte das vezes, carregados de boas intenções, aparentemente saudáveis.

Ou seja, não perca tempo se culpando.
Concentre-se em se reencontrar.

A partir da compreensão e da análise lógica
dos fatos, use toda sua força de vontade e a confiança
nos que você ainda tem em seus semelhantes –
especialmente os mais experimentados no amor, na
perseverança, na humildade dos que se dispuseram a
colaborar nesse processo de fortalecimento da sua
consciência, para se estabilizar. O equilíbrio desses
colaboradores mais experimentados nas sensações
que você deseja experimentar, será determinante no
processo de consolidação da fé que você decidiu
vivenciar. Cuidado! Seja prudente e não se coloque
em situações que já se mostraram inconvenientes
para você. Nunca subestime a força de um
pensamento nocivo. Pensamentos nocivos são
traiçoeiros e irão insistir em se manifestar, até que
você coloque uma pedra em cima de tudo que parece
muito importante, mas só tem trazido tristeza,
conflito, pobreza e doença. Deixe o pensamento
nocivo ir embora como se nunca tivesse se atrevido a
te perturbar. Não deixe que nada diminua a fé que
você tem em si mesmo, a certeza de que se está
fazendo o melhor para o momento. A disciplina e o
estudo serão determinantes para encerrar a situação.

Sendo os dois últimos, a disciplina e o estudo, os fatores que irão impactar mais diretamente no processo de retomada do próprio caminho, que, acredite, é o objetivo intransferível de todos os indivíduos possuem.

Viver a própria verdade e, a partir dela, ser um validador das verdades alheias.

Essa é a condição ideal de existência: o indivíduo identifica e vive da própria verdade e na sequência, serve de validador das verdades alheias. É disso que são feitas as realidades satisfatórias, onde a lei da mudança acontece em harmonia com tudo o que há, permitindo o fortalecimento da consciência de propósito da pessoa e garantindo a sustentabilidade de seu entorno.

Nesse tipo de situação, são estabelecidos domínios de frequência característicos de seres humanos em experiência de prazer e satisfação. Algo parecido com o que se conhece como "sorte". Situações frequentes de saúde, abundância e satisfação. O que não acontece quando a frequência da pessoa é instável e inexpressiva, caracterizada por excesso de dúvidas, medo e raiva, que pode ser relacionado com as experiências onde "falta sorte ou assertividade".

Os que vivem no "domínio da sorte" são os que se fazem felizes, realizados, que vivem intensamente todo tipo de experiência boa ou não tão boa e se esforçam intimamente para substituir hábitos nocivos por virtudes, julgamento por entendimento, guerra por paz.

Estes prestam muito mais atenção nos bons exemplos do que nas referências indiferentes ou infelizes. A realidade dessas pessoas pode ser comparada, de certa forma, a um "núcleo de céu" transitando por diversos "tipos de inferno". São pessoas que se encontraram consigo mesmas e que não abrem mão da maravilhosa companhia "DE SEUS EUS" ou de "D EU S". Usam suas conquistas a seu favor, ao mesmo tempo que beneficiam seus semelhantes, mais pelo próprio exemplo do que qualquer troca de bem material em si. Além de enxergarem nas situações traumáticas, ferramentas de aprimoramento moral, intelectual e espiritual ou vocacionais até desagradáveis, mas eficientes e necessárias para o momento de vida vigente.

Os que não se interessam por esse estado de consciência podem não precisar dele porque já enxergam a vida com olhos de gratidão e conseguem transitar por situações predominantemente favoráveis. São pessoas que se afastaram da ignorância de outras maneiras.

Aos que ainda estão em processo de reencontro consigo mesmo, sugere-se a atenção para lutar contra o hábito da queixa, do julgamento estéril, e mais fortemente contra a irresponsabilidade de não se considerar responsável por seus próprios desastres. Cultivar a própria alegria e os meios de viver com dignidade, honestidade e integridade característicos das pessoas que aprenderam a viver bem, é sempre um bom começo. É o primeiro passo para que, mesmo mediante aos infortúnios, se dê a chance de lançar o olhar um pouco mais atento para enxergar dentro de si e no seu entorno, bons motivos para se considerarem "SORTUDOS" também.

Afinal, trata-se de uma postura mental que lança luz sobre o seu entorno e, desta forma, precisa ser alimentada para de fato acontecer.

Novamente, a respiração profunda e o exercício do estado de presença são as melhores ferramentas disponíveis para que as boas oportunidades e interpretações das situações possam se manifestar. Além disso, o trabalho para construir um caminho sem sofrimento e de gratidão pela vida fornecem o equilíbrio das necessidades materiais e espirituais (vocacional) que se deseja alcançar.

Portanto, quanto mais pessoas materialistas-espiritualistas comprometidas com a realização de ideais superiores se apresentarem, mais rapidamente a humanidade será inserida em um mundo regenerado e feliz.

Engana-se quem pensa que o mundo material não é uma extensão do mundo espiritual. Tanto a espiritualidade quanto a materialidade merecem e devem ser honradas, respeitadas e harmonizadas para que ocorra a adequação real e duradoura das necessidades básicas dos seres humanos.

Os julgamentos severos precisam ser abandonados para que a realidade tangível, que nos garante a existência, seja o reflexo cada vez mais nítido dos ideais superiores a que se destina a existência da vida como a conhecemos.

Abandonar a relação *materialismo=egoísmo* e *espiritualidade=generosidade* faz parte dos avanços necessários para que se enxerguem as leis imutáveis, acima das interpretações limitadas pela visão fragmentada da realidade.

Somente assim, se percebendo como fragmentos capazes de enxergar nas próprias limitações oportunidades para o desenvolvimento de habilidades coletivas em favor da fraternidade, será possível qualificar positivamente todo tipo de situação que ocorra, em favor da própria felicidade.

É assim que a imaginação constrói a realidade, indefinitivamente. Realidade que é essencialmente feita de diferenças e de contrastes. Não fossem as diferenças, elementos de fortalecimento da identidade, as subpartículas que compõem o átomo de hidrogênio jamais se reuniriam para formar todos os outros elementos conhecidos na composição do mundo material, bastante conhecido pelos estudiosos da química e da física das partículas (aprofundar esse conceito em bibliografia específica se houver interesse).

Por essa razão, é fundamental expandir os horizontes do entendimento de modo que as diferenças sejam acolhidas com respeito, tolerância e, acima de tudo, encorajamento.

Muitas perturbações seriam e serão evitadas com o hábito de colecionar virtudes. Que para alcançar o status de hábito espontâneo, precisa vencer as barreiras dos maus hábitos, do julgamento, da confusão gerada pela falta de comunicação e limitações da linguagem.

A impressão de que a verdade é uma só, ou de que cada um tem a verdade mais verdadeira e imutável gera um ruído ensurdecedor. Capaz de fazer as pessoas pararem de se escutar. E quando não há comunicação, não há nada.

Observar a natureza por poucos instantes é suficiente para perceber a harmonia da realidade e a pluralidade da verdade. Que ao se enquadrar na condição de mutável, essencialmente feita de contrastes, habilita os indivíduos a estabelecerem os limites da sua própria verdade e, por conseguinte, abre espaço para exercer o dever de respeitar os limites da verdade alheia. Basta haver o conhecimento necessário para isso.

Para ilustrar os benefícios de se diferenciar ilusão de realidade, bem como ampliar o entendimento sobre o conceito da VERDADE, segue um poema e melodia. Mas a melodia encontra-se acessível apenas para os que conhecem a linguagem musical.

Trata-se de um exercício para correlacionar a capacidade de perceber a realidade como função do esforço pessoal de alargar os limites da própria consciência e do entendimento, do próprio raciocínio. O que não deixa de ser um bom exercício para acumular virtudes, dentre elas, a humildade, para se colocar na posição de aprendiz em continuo processo de aprendizado.

Para quem não se apropriou da linguagem musical, a melodia ainda não existe de fato.

Segredo de Shir'el

Eu, tenho algo a lhe dizer
Que tem a ver só com você
E mais ninguém

Sabe o por quê?
A verdade é tão diferente (2x)

Somente para nos fortalecer
Sabe "o porquê"?
Da verdade ser tão diferente
Em cada um.
P'ra fortalecer.

P'ra fortalecer e fazer existir,
Tudo o que há na essência do ser.
P'ra fortalecer e fazer expandir.
Tudo o que há para se construir.

E quero lhe dizer, que entre, eu e você.
Não há mais nada que amor para se oferecer.
Pois entre, eu e você, existe amor para nascer.
A ser cultivado ao ponto de se perceber.

ShirEl's Secret

Lyrics & Melody: Vanessa Nascimento Syrio
Music Transcription: Pascal Salomon

4. Desdobramentos Motivantes

Desdobramentos motivantes é o que acontece depois que a imaginação se qualifica em favor de estados de consciência cada vez mais adequados para o cultivo de experiências felizes. O entorno da pessoa se torna cada vez mais favorável, cada vez mais perfeito.

Observa-se a ordem vencendo o caos. Os convívios se tornando naturalmente fraternos. As pessoas mais experimentadas no amor inspirando seus semelhantes menos experimentados na sabedoria do amor. As massas de gente, se nutrindo de virtudes, superando limitações físicas, intelectuais e morais. Os mais experimentados no amor obtendo êxito na transmissão de seus conteúdos, capazes de harmonizar realidades múltiplas e inspirar todo tipo de alma.

As almas menos experimentadas conseguem desenvolver o potencial que trazem dentro de si e amadurecem seguindo adiante, colaborando com seus tutores e servindo de conexão entre realidades de contrastes anteriormente impossíveis de serem harmonicamente suavizados.

O que antes se acreditava tratar de inferioridade e superioridade é substituído por diferenças mais ou menos favoráveis ao estabelecimento de ambientes confortáveis e nutritivos. O existir vai sendo transformado em situação divina que promove, através das experiências, os mais dignos e proveitosos momentos entre o indivíduo e a coletividade. Assim, indivíduo e coletividade coexistem em harmonia, beneficiando uns aos outros. Esse sincronismo, concatenação, geração e transmissão de energia equilibrada são percebidos na medida em que se acumula, em reservas de bem-estar que serão, se é que já não estão sendo, a matéria prima mais cobiçada pela humanidade: entendimento mútuo é o capital mais cobiçado numa sociedade consciente dos benefícios do Bem.

Afinal, o que os seres humanos buscam com a posse dos *commodities* minerais, financeiros, ambientais e agrícolas é basicamente o sustento das suas necessidades e a satisfação do prazer. A economia global e a realização de si mesmo estão organicamente relacionadas através das demandas oriundas de desejos que direcionam as ofertas que constroem a realidade.

Em linhas gerais, aumentar o estado de bem-estar dos indivíduos amplia, consequentemente, as perspectivas econômicas de mercado das sociedades, promovendo um ambiente de ganha-ganha-ganha entre as partes envolvidas. O que reflete soberanamente na construção de uma realidade digna de ser chamada de humana.

Neste sentido, os desdobramentos de uma vida satisfatória (carinhosamente considerada "vida em Deus" pela busca inconsciente que a humanidade traz de retorno, às forças da sua própria criação) seriam determinantes para equilibrar, sustentar a balancear a justiça que está por traz de todos os mecanismos de ajuste da realidade. De modo a garantir a qualidade e disponibilidade do combustível mais precioso que a humanidade pode ter acesso no momento: virtudes capazes de alimentar a tecnologia interna das pessoas.

Essa fonte inesgotável de energia acumulada pelo amadurecimento das emoções e do intelecto que culmina com a expressão de sentimentos equilibrados e vida repleta de sentido. Tecnologia Interna que vem sendo desenvolvida inconscientemente desde os primórdios das civilizações que deram origem ao que hoje é conhecido como sociedade e que precisa ser reconhecida e considerada como a tecnologia capaz de qualificar o material humano continuamente.

Como tem ocorrido com tudo o que permanece no silêncio do que se está por perceber, na iminência de ser englobado pela expansão das fronteiras do entendimento humano. Que é quem, em última análise, manipula os recursos naturais disponíveis no planeta.

Melhorando a qualidade das consciências que transformam matéria-prima em energia, através do desenvolvimento de suas habilidades emocionais e intelectuais, há grandes chances de se aumentar a qualidade de vida e bem-estar da humanidade no curto, médio e longo prazo em escala local, regional e global. De certa forma, como já acontece em diversos países considerados desenvolvidos.

Afinal, os recursos estão disponíveis e o termo espiritualidade (diretamente relacionado com essa qualidade de tecnologia) está se tornando cada vez mais acessível para as pessoas. Resta aos interessados nesse assunto se prepararem com firmeza, para contribuir com o serviço de atribuição de significado para esses novos conceitos em continua ressignificação.

Admitir que os conceitos estão em aberto, aguardado sua melhor versão e expressão de utilização pode ser uma agonia, por abrir espaço para interpretações equivocadas. A dica que pode ser utilizada para diminuir esse ruído é a expressão "serve tanto para gregos quanto para troianos". Pois estando o conceito de espiritualidade idealmente relacionado com a origem dos fenômenos, espera-se que faça sentido para todo tipo de realidade. Inclusive, a de entidades historicamente separadas por questões que transcendem os limites do entendimento contemporâneo e que não tiveram acesso ao conhecimento libertador oferecido pela ciência, filosofia e religiosidade amadurecidos pelo tempo.

O conhecimento continua a ser a via de acesso mais rápida para se alcançar qualquer tipo de objetivo. Impactantes e sustentáveis, os negócios que surgem de consciências equilibradas têm o poder de aprimorar os seres humanos e acelerar as transformações favoráveis à manutenção da vida, mais especificamente à vida humana no planeta.

Afinal, não é tarefa fácil definir o conceito de vida precisamente. Os cientistas que estudam a origem dela se valem de dois atributos essenciais para considerar um ser vivo: "a capacidade de se autorreplicar e de se autorregular". Havendo registros fósseis que satisfazem essa condição, atribuídos há 3.8 bilhões de anos atrás, o que posiciona a origem da vida para um momento anterior a essa idade (Stanley, 2009).

Enfim, essa informação está sendo considerada para lançar luz sobre a questão principal, do quão preciosos são os registros de vida e do quão efêmero é o alcance de aparecimento e extinção dos seres na terra.

Apesar disto, e sobretudo, o mais intrigante é a capacidade da vida de se manifestar, ao que tudo indica, não como uma exceção, mas como regra.

Quem sabe não seja a hora dos seres dotados da consciência humana, se valerem do atributo essencial para a vida de se "autorregular" para honrar a herança herdada das bactérias. Para que a espécie humana não seja identificada como a que desvalorizou os esforços iniciados nos oceanos há bilhões de anos atrás.

Por esta razão, ajustar-se continuamente deve ser uma decisão firme e assertiva. Mediante os fatos, sobram motivos para que a lucidez, a alegria e o agradecimento por participar de uma realidade adequada sejam atraentes.

Desse alinhamento de propósitos e valorização da vida que compõem os principais aspectos de uma vida adequada e feliz, surgem oportunidades de harmonizar situações que pareciam não ter salvação. Desdobramentos desejados no combate aos maus hábitos, do tipo que nascem predominantemente do desamor e da ignorância.

Ao primeiro desafio, que é o da superação do desamor, se sugere a observação e desenvolvimento da compaixão e do discernimento, pois é possível aprender com as situações inadequadas e alheias. Ao segundo desafio, que é a batalha contra a ignorância se faz imprescindível a pureza de propósito, que é aquela vontade mais forte e o desejo mais sincero de realizar tudo que se deseja na sintonia da harmonia, da bondade e do altruísmo.

5. Ampliando Nosso Lar

Com as transformações ocorridas no processo de revitalização de si mesmo, se amplia a percepção de lar da pessoa. Isso acontece porque aciona mecanismos de pertencimento que estavam desligados anteriormente.

Esse pertencimento vem acompanhado da descoberta de que as pessoas parecem estar destinadas a experimentar níveis de plenitude e realização cada vez mais intensos, na medida em que decidem se conhecer e explorar o potencial ilimitado de sua mente e de suas emoções.

Assim, muito naturalmente, o pensamento alinhado com as emoções, manipula a matéria e faz surgir infinitas oportunidades que culminam com a vontade de agir, de corações e mentes que se encontram preparados para executar determinadas tarefas.

No geral, tarefas que impactam cada vez mais pessoas, além de si mesmo. Tarefas que proporcionam sensações e que gradualmente acionam lembranças capazes de conduzir as pessoas por seu caminho de autodescobrimento individual e intransferível. Por incrível que pareça, as respostas não estão do lado de fora, embora o contato com semelhantes íntegros também ative as sementes de integridade, adormecidas na consciência e que proporcionam sensações indescritíveis de bem estar. São esses os prazeres que acalmam a alma e iluminam a memória de quem os experimenta. Trata-se da lucidez que toda alma carregada de virtudes cultiva no solo das experiências.

A ampliação dos lares acontece a todo tempo, às vezes em uma dimensão invisível, inacessível para quem enxerga estritamente entre os limites da faixa do visível, outras no mundo tridimensional sensorial, amplamente conhecido e tangível, especialmente sob a forma de sorrisos que começam no fígado e terminam no olhar.

Certa familiaridade perante desconhecidos em momentos diferentes da vida são alguns dos indícios dessa afinidade que surge nas consciências despertas. Sinal provável de que as consciências vibram em ranges de frequências semelhantes, no chamado domínio do sentimento. Em uma espécie de sintonia mental, emocional e espiritual que, ao se expandir, engloba outros indivíduos sensíveis aos ideais de liberdade e fraternidade que gradualmente precipitam no mundo físico sob a forma de experiências felizes.

> A familiaridade é uma realidade
> corriqueira na vida dos que exercitam
> o poder de sua intuição.

Com o tempo, os sentimentos que no princípio surgiam obscuros e marcados pela dúvida, estes vão sendo confirmados, e passam a ser captados com clareza e segurança. Isso é o que pode ser considerado intuição. Um sentimento de certeza. Uma impressão de algo que se confirma. Uma assertividade que se fortalece e cresce, na medida que o tempo passa e costuma ser usada no processo de ampliação do próprio lar, sempre que o sentimento é confirmado pelos fatos.

Essa espécie de "Fraternidade Legítima", que um dia será comum para a grande maioria, quer compartilhem ou não do mesmo tipo de fé ou filosofia, irá promover e sustentar o estabelecimento de uma nova ordem, capaz de guiar e redirecionar todos os setores da sociedade para uma espécie de "Industrialização Espiritual".

Essa Era será marcada pela excelência dos serviços, pela ética e profissionalismo exacerbados, pela qualidade, confiança e segurança das negociações e, acima de tudo, pelo equilíbrio nas relações de oferta-demanda que direcionam a sociedade.

Participar, em qualquer parte desse processo, é garantia de alegria e prazer, de um processo iniciado com a decisão de revitalizar a si mesmo que não se limita aos benefícios pessoais, mas se estende para a dimensão corporativa, na qual o indivíduo se encontra ativo.

Impressão que surge, quando se percebem os esforços coletivos em favor da expansão de ideais capazes de beneficiar amplos setores da sociedade. Que não apenas fazem parte dessa conquista de ampliação do próprio lar, como são os reais motivadores de todo esse processo.

Por tantos bons motivos que se delineiam, respirar fundo, arregaçar as mangas, aprimorar o intelecto, educar as emoções, se manter atento e conectado com a frequência do Amor que toca nos corações acostumados com a prática do bem, são algumas das dicas importantes para se manter neste ritmo sustentável.

Não há dúvidas de que o melhor está sempre por vir. Mas é preciso desejar e criar as imagens mentais ricas em detalhes. Feitas de emoções e pensamentos equilibrados, ao ponto de se manifestarem sob a forma de sentimento realizado em existências mais qualificadas.

E, para todas as situações que parecem caóticas e sem solução, que sejam lançados ao menos os pensamentos de oração, de prece, de indulgência para que as frequências de ajuste envolvam as partes inseridas nas situações de desentendimento. Porque, no contexto que se apresenta, não existe o outro, mas a extensão de uma mesma massa de humanidade.

Foi-se o tempo em que as orações se restringiam aos santuários e às religiões. Hoje, que fique bem claro, todo bom pensamento imbuído do sentimento de compaixão e devoção é uma oração. E tanto a compaixão quanto a devoção são sentimentos que inspiram gente muito ou pouco experimentada nas ciências, nas filosofias e nas religiões. Gente que, no geral, trabalha para diminuir o sofrimento no mundo.

Talvez pelo fato de que o sofrimento afeta tanto quem o sente quanto quem o observa, seja ou não causado por momentos de imprudência, afeta a vida dos que estão ao redor dramaticamente e é agravado sempre que surge como resultado de maus hábitos. Isso porque a ampliação do conceito de lar impacta sensivelmente na qualidade das experiências periféricas. Não há meios de se consertar situações de crises sem que se implante a cultura do fortalecimento da consciência nos lares, nas escolas, nas empresas, nos órgãos de gestão das sociedades e por toda a parte.

Ampliar o conceito de lar significa, primeiramente, não se abandonar. Seu corpo é o lar da sua alma. Por isso é necessário investir energia própria para superar as limitações que aprisionam a pessoa em situações de sofrimento. E ainda, implantar a realidade mais equilibrada e vibrante que se deseja experimentar ao mesmo tempo em que se percebe no outro a extensão de um sistema do qual se faz parte.

Dessa forma, ainda que a distância, o desconhecimento e a aparente desconexão entre as partes sejam evidentes, a consciência fortalecida pela certeza da totalidade dessa massa de pensamentos na qual os seres se encontram inseridos, é suficiente para discernir que todos compartilham de um mesmo lar psíquico e energético.

Um mesmo planeta em que cada cômodo oferece acesso para realidades completamente diferentes, constituídas por almas de diversas naturezas que trazem em comum entre si o potencial para experimentarem o entendimento que supera as barreiras da linguagem, das múltiplas verdades e das diferenças inerentes à condição humana.

Esse olhar de conexão tem sido natural para pessoas que, através de seus melhores esforços, desenvolveram a habilidade de atribuir sentido cósmico ou global para a própria vida. Essas pessoas conseguem enxergar semelhanças nas diferenças que fazem parte da diversidade na qual se manifestam.

No início, pode parecer confuso e até um equívoco, dentre os tantos que costumam ser cometidos nesse processo continuo e infinito de aprimoramento do intelecto e do sentimento. Mas o coração tranquilo, os pensamentos serenos e afeiçoados com o ritmo das mudanças, do abandono das emoções contrárias ao amor, da concordância com o merecimento e a boa qualidade dos vínculos afetivos que se estabelecem através de situações improváveis, traz a certeza da consolidação da fé no "outro poder".

6. Consolidação da Fé

Sempre que as impressões a respeito de determinados sentimentos se confirmam, alcançando a condição de realidade, uma parte da estrutura de crenças que sustenta as pessoas se consolida. Aos poucos e progressivamente, projetos pessoais migram do campo das ideias para a expressão no mundo dos sentidos, atingindo o potencial de realização a que se destinam, que é o de formação e pleno desenvolvimento do ser. Tanto na escala individual como no contexto do coletivo.

Por esta razão, é importante que os mais acostumados a viver com fé compartilhem dessa noção abertamente, por maior que seja o desconforto envolvido na expressão de sentimentos tão íntimos, e até mesmo secretos, por se admitir que a fé bem sentida não possa ser ensinada ou aprendida, mas simplesmente experimentada.

Pode ser que exista uma demanda silenciosa pela consolidação da fé, que sendo ou não confirmada, terá a chance de ser atendida, se houverem ofertas disponíveis. Por essa razão, pessoas experimentadas em algum tipo de fé, de preferência aquela do tipo inabalável - *que consegue encarar a razão frente a frente em todas as épocas da humanidade (Kardec, A. 1866)* - devem e precisam se sentir à vontade para se manifestar publicamente. Para ocupar o vazio que surge, sempre que o progresso avança e gera lacunas de ajuste no entendimento. Nem o fundamento nem a pureza de propósito estarão sendo colocados à prova, mas oferecidos em partilha na esperança de que sejam suficientes para promover o estado de bem viver.

Esclarecer equívocos enraizados na consciência, como, por exemplo, o de que "ter é poder" facilita a possibilidade de entendimento de que talvez, o que se queira expressar tenha a ver com o fato de que, "ser é o poder que viabiliza a experiência do ter". Equívoco perfeitamente compreendido pela limitação da linguagem no esforço hercúleo de alargar as fronteiras da consciência.

Isto é o que acontece quando a semente da fé, que existe adormecida na consciência das pessoas brota e floresce, trazendo para a vida do indivíduo plenitude, saúde e abundância.

Quem olha de fora costuma dizer que o homem de fé é uma pessoa sortuda. Passando a impressão de que o indivíduo nada fez para merecer tamanha "sorte". Mas a realidade interna da pessoa é feita de marcas e cicatrizes luminosas de superação sobre os maus hábitos que existem ou existiram em potência dentro delas.

A guerra interna contra vícios e hábitos inadequados é invisível aos olhos de espectadores menos atentos, mas salta aos olhos daqueles que decidiram investir na lapidação de si mesmos. Por isso que todo esforço empreendido no aprimoramento de si mesmo constitui uma "fórmula mágica" prescrita pela natureza para curar os males da vida. Essa medicina milagrosa está disponível no mercado da vida ao custo de algumas cédulas de sabedoria. Pois é a compreensão que cura, que faz as pessoas despertarem o fato de que harmonizar a vida imaterial e material é desafio mais significativo que temos em vida. Especialmente, quando pensamos que o que se enxerga, escuta, apalpa, respira e se experimenta é a realidade última. A tarefa de se manter atento ao que se sente, requer grandes doses de vontade e persistência. Porque para se considerar o que existe além dos cinco sentidos – dos impulsos eletroquímicos interpretados pelo aparelho mental como a composição da realidade – é necessário silenciar os ruídos que os sentidos periféricos produzem na mente, com o intuito de aprimorar a percepção da consciência. E quem sabe acender na mente, a luz da intuição.

Porque sim, o aparelho mental pode ser considerado o lar da intuição que se espalha pelo corpo inteiro e constitui o fiel depositário das impressões da alma em constante processo de qualificação na vida física. E é sobre a matéria qualificada que se consolida a fé no ser integral que existe em cada alma que transita pelo Universo. Nesta etapa do entendimento, percebe-se que talvez, os seres se diferenciem por terem sido mais ou menos experimentados no amor.

Veja bem, o Amor considerado nesse livro inclui o sentimento nobre que nasce da admiração, do respeito e da devoção incondicional que determinadas pessoas nutrem umas pelas outras. Porém, trata principalmente do amor como sendo algo maior do que a razão de ser. E que, na medida em que é alimentado, transborda de quem o sente para alcançar os que caminham ao seu lado, igual ao perfume que se espalha, mas só é percebido por quem tem olfato. Ou ainda, como o magnetismo, que une as polaridades opostas da matéria imantada. Trata-se do sentimento que anima o ser e o habilita a se fazer feliz, de se oferecer em favor de seus amores, de suas causas, de cultivar hábitos saudáveis, de aglutinar no entorno de si, a realidade mais adequada que deseja materializar.

Por essa razão o conceito de amor que se sugere aqui deve ser considerado correlacionável com a lei da atração que aglutina desde partículas até grandes quantidades de massa, de modo harmônico no Universo. Essa força de atração é o sinal mais marcante dos semelhantes mais experimentados no amor, porque reflete um estágio de integridade, a partir do qual se percebe que nunca houve degraus para se subir, mas sim, semelhanças & diferenças ao redor para se aprender a amar.

Curiosamente, é nesse estágio evolutivo que os seres mais experimentados nessa qualidade de sentimento se curvam para erguer os que se esforçam para escalar as montanhas dos maus hábitos. Estes últimos, apesar de enxergarem o topo, por vezes não percebem os rastros dos que por ali acabaram de passar. Não percebem as mãos invisíveis estendidas, seja através da literatura ou da sabedoria popular, oferecida pela força do pensamento dos que conquistaram a compreensão da imortalidade da alma, ao fixar o brilho de seus ideais, na mente dos que seus descendentes. Um tipo de conquista na qual existem apenas vencedores, por se tratar da conquista do afeto.

Tamanha é a presença de espírito destes seres bem experimentados no amor que seu magnetismo e gravidade reorganizam a matéria para além do que pode ser observado na faixa do visível. Essa brecha da realidade, que não é a única que existe, também faz parte do que há de real no Universo. Ainda que tudo o que se encontre para além do conhecimento sistematizado seja considerado mistério.

Enquanto o desconhecido não se apresenta claramente, que seja ao menos respeitado e submetido à análise da razão, para que a utilidade do que funciona sem explicação seja bem aproveitada. Pois em um universo heterogêneo e em continua expansão, **os verdadeiros inibidores do progresso são o orgulho que cega, a raiva que deteriora e o medo que enfraquece** qualquer esforço de consolidação da fé. Afinal, cada ser humano traz dentro de si, um universo próprio e singular, que reflete a diversidade que se encontra por toda a parte no universo (UM EM DIVERSOS).

E é somente através da certeza de que as diferenças servem para fortalecer e consolidar a realidade, que os conflitos, de diversas naturezas, serão substituídos pelo entendimento da paz. Na ausência de melhores perspectivas de consolidação da fé, que seja a consolidação do próprio poder pessoal a conquista mais desejada e naturalmente experimentada pelos que vivem no fluxo do alinhamento pessoal, profissional e espiritual ou vocacional. Uma espécie de sintonia do bem que impulsiona as mudanças bem vividas, bem aceitas e profundamente voltadas para experiência do que há de melhor para se viver.

O propósito de ser exatamente quem se sente que é, na sua melhor versão. Para que na medida das possibilidades de cada um, a consolidação da fé em si mesmo e no outro poder despertem o sentimento comum de preservação da espécie e do ambiente ideal para se viver *(Figura 3)*.

Figura 3: Cenário criado pela autora, ainda no ensino fundamental, para ilustrar "O ESPAÇO SOCIAL IDEAL PARA A SOBREVIVÊNCIA EM SOCIEDADE: um mundo puro com pessoas verdadeiras". Uma pessoa verdadeira é uma pessoa íntegra, inteira. Que é o objetivo desse livro: popularizar os elementos que compõem uma identidade íntegra.

7. Refletir o Propósito

Identificar e viver o próprio propósito pode ser considerado a maneira mais eficaz de superar os desafios característicos dos diversos estágios evolutivos que compõem o mosaico de experiências características da natureza humana.

Mudar de fase, continuar etapas, se expandir, estagnar, retroceder, destruir e reorganizar estruturas ultrapassadas (dentre tantas possibilidades de existência) constituem tarefas intransferíveis e inerentes à vida de todas as pessoas.

Vida que desde seu início "se aglutina", "se organiza", "se expande", "abandona o que não serve", "fortalece atributos" e aparentemente, "prioriza o aprimoramento e autonomia" contínuos. Fatores que estruturam a vida física e são bem explicados e descritos pela ciência, que administra com propriedade a utilidade dessa qualidade de conhecimento para os diversos fins aos quais se destina.

Conceitos que, apresentados sob a ótica do propósito, se tornam fonte de paz e não apenas informação relevante ao estudo de determinada área acadêmica.

Pois a fé que anima um cientista durante o processo de identificação, descrição, análise e validação de hipóteses é tão valorosa quanto a fé em uma força superior e divina que direciona as emoções e os pensamentos para o campo do bom sentimento e da ética moral. Muitos religiosos comprometidos com a postura mental do maravilhamento, da curiosidade, da reflexão profunda e consistente a respeito da gênese da vida podem ser considerados os primeiros cientistas da história. Em ambos os casos, o que acontece é a experiência da fé na educação, na ampliação do acesso que se tem sobre a realidade. E a cada movimento de expansão nesse sentido, toda a humanidade se beneficia. Pois, maiores são as chances das pessoas se encontrarem através dos diferentes tipos de propósitos que surgem para atrair e satisfazer os interesses dos diferentes tipos de pessoas.

Quanto mais a realidade se descortina através do esforço de exploradores que se arriscam e se dedicam a ampliar o leque de opções do conhecimento de todas as coisas, anteriormente desconhecidas, maiores são as chances das consciências que vagam sem sentido, se descobrirem e encontrarem sua identidade através de suas paixões.

Ainda que nenhuma ciência alcance seu potencial máximo, estará sempre proporcionando significativo benefício à humanidade na medida em que as conquistas dos indivíduos se convertem em fontes de prazer e libertação, individual e coletiva, transcendendo a contemporaneidade na medida em que se tornam fontes de utilidade legítimas.

Cada fragmento das leis universais que é apresentado à humanidade através do esforço cognitivo se transforma em recurso para o indivíduo desvendar os segredos que guarda dentro e a respeito de si mesmo.

Segredos inacessíveis ao indivíduo disperso, inconsciente, desatento, que, sem perceber, opta por estagnar em determinado estágio evolutivo. Não haveria mal nenhum nisso, não fosse a perda do que há de mais precioso no universo: o tempo de existência.

Há momentos em que o estado de aconchego se trata de "acomodação aparente" e esse tempo de calmaria pode ser interpretado como momentos de acúmulo de energia. Respeitar esse tempo de absorção, recarga e fortalecimento também faz parte das conquistas vivenciadas com a realização de determinado propósito.

Conquistas que são enaltecidas no entorno das almas que vivenciam a expressão mais fidedigna de si mesmas. Pois o bom condicionamento intelectual, emocional e espiritual faz surgir a fibra moral que sustenta os seres nas diversas experiências da vida através dos músculos do discernimento. Musculatura moral que, quando bem desenvolvida, promove a dinâmica do auto amor "na hora do testemunho", que sustenta e qualifica a experiência da fé em favor da união de credos, princípios e doutrinas, que compartilhem do interesse sincero de popularizar os bons hábitos e o cultivo das virtudes como mantenedores da boa-fé. A fim de enfatizar o que há de comum como propósitos da coletividade.

Como por exemplo, experimentar o amor-próprio (por si mesmo ao ponto de atingir o outro) pode ser um propósito comum para todas as criaturas. Essa fonte inesgotável de satisfação, quando transborda das pessoas, cria um campo amoroso no seu entorno que fertiliza as redondezas dos seres e causas amados.

E, quanto mais frequentes são as experiências amorosas, mais qualificados são os sentimentos das pessoas que ativam o fluxo desse sentimento em suas vidas. Parece que se transpira amor quando o que de fato acontece é a expressão espontânea do cuidado para consigo mesmo e com o outro, no qual se acolhe a existência dos semelhantes.

Essa semelhança, esse pedacinho de um que habita o outro, para os religiosos é chamado de "centelha de Deus", para os filósofos e cientistas pode ser que faça sentido chamar de "origem comum". Mas o que importa destacar a respeito das semelhanças é que são esses os pensamentos fortalecedores do acolhimento, capazes de reunir diferentes visões de mundo em favor de um denominador comum.

Por essa razão, a qualificação máxima do amor, seja aquela chamada de incondicional.

De quem se oferece sem condições e surge das aspirações mais nobres de respeito e admiração pelo bem que se experimenta ao cuidar do outro, feito brisa que sopra suave na nuca de quem se deixou cativar.

Nessas condições, as pessoas funcionam como milagres na vida umas das outras. Laços firmes de afinidade e confiança são honrados com a liberdade que surge da certeza, de que a todo instante, o pensamento pode alcançar os seres amados, independente da distância ou da passagem do tempo.

Saber ser amável encurta o caminho sem pular etapas do processo de apropriação desta qualidade de sentimento.

Observar quem já vive nesse estado de amor, facilita o processo de apropriação deste sentimento ou desta realidade, que ajuda na concretização dos planos de materializar todo o potencial disponível na vida do ser humano.

Honrar tamanha oportunidade, assumindo posturas cada vez mais respeitosas, disciplinadas e de entendimento, pode ser considerado, para os amigos mais experimentados no amor, fonte de deleite e expressão sincera de gratidão.

Ao contrário do que se imagina, refletir o propósito é via de realização dupla. Pois, tão importante quanto haver "na espiritualidade" consciências comprometidas com o aprimoramento dos seres em todo tipo de existência, é haver "na materialidade ou realidade", e nos diversos planos da vida, seres igualmente comprometidos, atentos, sensíveis e prontos para colaborar no "mercado da providência divina".

8. Exemplificar a Realidade Desejada

Enfim, se o milagre do entendimento cristalino se manifestar e o conhecimento reunido neste livro for interpretado em favor da transmissão de um conteúdo que aumenta o entendimento entre as pessoas, e não o contrário, neste capítulo você conseguirá identificar a qualidade das suas realizações. Terá condições de verificar se o modo como você tem vivido, tem sido suficiente para materializar a realidade específica que você deseja experimentar. Se estiver desfrutando de mais alegrias do que de desesperos, pode concluir que suas escolhas estão focadas na experiência da tranquilidade. Seus pensamentos são felizes. Você sabe o que quer, e esse tipo de saber traz paz e bençãos para a sua vida.

Ilustrando a importância de se saber o que se quer, imagine uma pessoa procurando um item num local completamente novo e desconhecido. Existe alguém onipresente nesse local tentando ajudar. A pessoa faz uma descrição sucinta do que deseja, do que procura, detalha exatamente o item em questão. Utilizada tudo o que aprendeu, toda sua educação e todo seu vocabulário para se expressar. Mas lembre-se, para encontrar algo que se procura em uma loja enorme na qual se entra pela primeira vez, é necessário um esforço da parte de quem descreve o item e outro esforço da parte que está lá para ajudar. Alguém que ajuda informando se esse item está ou não está disponível. Se é ou não é uma possibilidade possível. Esses esforços se combinam para que as duas partes alcancem a satisfação, a plenitude por alcançarem seus objetivos, neste caso completamente diferentes (um quer ter o outro quer fornecer), mas complementares. É assim que as pessoas constroem a realidade que desejam. De modo bem pragmático. Através do surgimento da vontade, da mobilização de forças para concretizar essa vontade e do usufruto da conquista. Até que uma nova vontade se manifeste.

Fica claro nesse exemplo que os desejos humanos precisam ser ilustrados para serem encontrados. É por isso que a educação é fundamental para que a pessoa consiga se comunicar com cada vez mais tranquilidade. Essa boa comunicação, quando disponível, abra as portas do abundante, acessível e ilimitado mercado das experiências humanas. Sejam estas ofertas felizes ou não tão felizes.

Esse livro tem o compromisso de expor as ofertas felizes das possibilidades de experiências humanas que precisam ser conhecidas.

A oferta vem da natureza e do universo. A demanda vem de tudo e todos que habitam o planeta e o universo. Saber o que existe, ajuda a escolher melhor em qual tipo de vida se deseja empreender. Com essa matriz denominada Mãe Natureza e os fornecedores cósmicos-universais, A VIDA tem sido um excelente negócio. Muito mais bem sucedido do que qualquer outro negócio criado para satisfazer as necessidades DA VIDA.

Isso porque o produto mais solicitado nesse negócio chamado VIDA se chama VIRTUDE. Desde os primórdios das civilizações e sociedades, as virtudes são principais responsáveis pelo sucesso desse empreendimento. Os funcionários desse mercado colecionam boas recomendações de serviço por serem muito atenciosos na reposição das prateleiras vazias e se alegram com a saída intermitente dos estoques de virtudes.

Seja para satisfazer as necessidades do intelecto ou das emoções, as virtudes se apresentam como matéria prima das tecnologias mais solicitadas por consumidores interessados na excelência da arte, da ciência, da filosofia e de todo o conjunto de crenças que nutrem os indivíduos que produzem o sorriso no olhar. Uma demanda solicitadíssima em todas as épocas da humanidade.

Existe muito o que se explorar nesse sentido. Pois se trata de uma qualidade de conhecimento pouco disponível em algumas sociedades, uma vez que os registros de sofrimento ainda são frequentes ao redor do mundo.

Desde os primórdios das civilizações, os indivíduos se encontram em um treinamento contínuo, de modo mais ou menos favorável ao progresso, vide o registro histórico do homem primitivo ao moderno.

Os benefícios promovidos pela passagem do tempo são incontestáveis e corroborados pelo usufruto da liberdade, do conforto, da percepção cada vez mais criteriosa das leis da natureza, do domínio e manipulação dos recursos naturais, dentre tantas outras conquistas do indivíduo sobre si mesmo e sobre seu entorno.

O progresso e as facilidades oriundas da passagem do tempo, ampliaram a zona de conforto da maioria das pessoas, dificultando a identificação de seus limites e estabelecimento de referências. O que confere uma espécie de fragilidade congênita para as experiências individuais seja qual for o momento em que está se manifesta. O que não significa retrocesso ou declínio no contexto geral, mas a parcela de insatisfação que impulsiona o aprimoramento de todo tipo de obra, nunca finalizada, mas encerrada para fins práticos. Por isso, são comuns os julgamentos de que o momento presente é muito pior do que o passado, ou de que os valores antigos eram melhores do que os atuais. Há espaço para todo tipo de consideração, mas se as tecnologias disponíveis no passado fossem suficientes de fato, bastaria que fossem mantidas e não substituídas. O que não é, o que acontece. Não há tecnologia obsoleta que seja mantida, à custa de atravancar o fluxo natural que se estabelece.

Os bloqueios no fluxo da vida, identificados nos limites da zona de conforto, oferecem resistência elevada ao discernimento e grande esforço para se alcançar as conquistas que libertam mais do que escravizam o homem habituado a lidar com a escassez e com o desconhecido, com o intuito de alcançar graus maiores de liberdade. Conviver com a ignorância é algo realmente muito difícil.

É por isso que é preciso aproveitar todos os esforços e contribuição dos antepassados. Esses gigantes que oferecem seus ombros para que seus descendentes enxerguem mais adiante. Tal qual o pai, que não cansa de carregar seu filho, ou 50% de si mesmo nos ombros, para que este enxergue a vida de um ângulo superior, mais do alto. Aumentando as chances de alcançar o objetivo geral de extinção da ignorância na humanidade. É por isso que a alegria dos pais aumenta com a alegria dos filhos. Ou a alegria dos filhos é facilitada pela alegria dos antepassados. O que sugere o raciocínio, de que talvez, a alegria das pessoas aumente, com a alegria de seus semelhantes e vice-versa.

Alegria que qualifica a vida das pessoas com a satisfação. Tanto no momento presente, quanto para às gerações futuras. De modo que a capacidade criativa e realizadora do homem, nascida das aspirações da alma e guiadas pelo seu raciocínio útil, alimentem estados cada vez mais sustentáveis de fortalecimento da consciência.

Realidades cada vez mais simples e sofisticadas exigem o refinamento dos hábitos, dos gostos e das vontades da alma. O que não implica em mudanças que fazem as pessoas se esquecerem do que é essencial, pelo contrário, evidenciam o deslumbramento natural que se experimenta diante dos mistérios, a serem desvendados a respeito do ser.

Essência aparentemente esquecida, que aos poucos vai sendo relembrada. Esquecimento por vezes acompanhado da permanência na estagnação, quando o que mais se deseja é avançar. Trata-se de período doloroso, esse marcado pelo esforço de se apropriar das condições e habilidades úteis à superação do esquecimento. Possivelmente gerado pelo contato da memória com o campo magnético terrestre no momento do nascimento.

Enquanto as lembranças mais importantes **não** são relembradas, segue o indivíduo insatisfeito consigo mesmo e com o seu entorno, fazendo o possível para que a situação seja superada o quanto antes. Assim segue o indivíduo no exercício da realidade mais adequada possível, que este acredita ter nascido para realizar. É quando o impulso de ação vence a estagnação e a força vital identifica o propósito de ser.

Viver em harmonia com o ambiente e os outros seres, costuma ou deveria costumar a ser um consenso. A vida por si só, desde a mais impactante até a mais discreta, pode ser considerada o resultado do avanço contínuo das gerações. É como se houvesse um acordo ético-moral nas entrelinhas da carga genética, de busca constante pelo aprimoramento do intelecto e das emoções humanas, capaz de honrar a experiência da existência através do sentimento de gratidão. Tudo isso, a partir do alinhamento das questões éticas, morais, emocionais e intelectuais, de uma vida bem sentida, bem vivida e comprometida com o propósito de ser feliz.

O treinamento disponível para o alcance desse objetivo é diversificado, mas guarda em si, como semelhança, o objetivo de desenvolver virtudes.

São as virtudes as ferramentas de expressão da plenitude no exercício das próprias vontades. Objetivo que produz luz, prosperidade, vitalidade e prazer. Divulgar e exemplificar A SATISFAÇÃO PROMOVIDA PELO CICLO VIRTUOSO pode ser, no curto, médio e longo prazos, capaz de transformar a realidade das sociedades corrompidas pelos maus hábitos das emoções destrutivas. Essa transformação pode criar uma nova realidade, mais marcada pela integridade devido mudança da falta de consciência para uma consciência cósmica, na mente dos indivíduos.

Oferecer amor na medida exata deve ser,
em última análise, interpretado como: exemplificar
atitudes coerentes com o melhor
que se deseja e se pode expressar.

Essa consciência cósmica integra os fragmentos da falta de consciência e ao integrar essas experiências da mente, produz pensamentos amorosos. Existem inúmeros exemplos de amorosidade espalhados pelo mundo, especialmente encontrados através do conceito da compaixão.

Muitos seriam os exemplos enumerados nestas linhas, e por mais extensa que esta fosse, não incluiria os bilhões de anônimos que certamente expressam amor através das oportunidades diárias que todas as pessoas recebem para expressar bondade, lealdade, gentileza, respeito, generosidade, compromisso para com a utilidade, enfim de ajuste de si mesmo para com as leis (naturais ou humanas) que ajudam a regular o ambiente em que se vive.

Isso cria harmonia, segurança, beleza e satisfação.

A participação desses elementos na criação da realidade descrita nessas linhas, diz respeito a habilidade da pessoa de enxergar e materializar a realidade que existe dentro dela.

Nem os seres humanos ou qualquer efeito resultante da causa primeira de todas as coisas, até o momento, foi capaz de compreender os mistérios da criação. Embora o que já se saiba, seja suficiente para trazer benefícios e clareza para mente que se dedica a se conhecer e se conscientizar de que existem maneiras felizes de experimentar essa vida. Há bastante luminosidade disponível para esse tipo de entendimento. Especialmente a que surge através das criaturas que refletem essa claridade ao santificarem suas faculdades criativas.

A presença dessas pessoas iluminadas, correspondem a angelitude de um amigo, de um familiar, de um profissional competente, de todos que materializam atributos e virtudes de verdadeiros anjos, ao proporcionar alegria, segurança e inspiração por onde passam. São pessoas que se sentem bem, porque estão preenchidas por um sentimento bom e quando se comunicam compartilham essa bondade, essa tranquilidade, essa paz e essa capacidade de aliviar o sofrimento alheio com um simples olhar.

Guardando as devidas proporções, na qualidade de cocriadores desse mundo interior que se exterioriza através de pensamentos, palavras, ações e realizações, se torna fundamental que se busque, na experiência dos que expressaram sabedoria, as melhores posturas mentais, seja qual for o ofício que se deseja experimentar.

Não apenas com a intenção de afastar todo tipo de conflito, mas para se preparar para extrair das diferentes opiniões, as melhores e mais eficientes sugestões que cada um dos envolvidos certamente possui para compartilhar. Da mesma forma, se tornar um validador de ideias nutritivas requer mais que tolerância e acolhimento. Por vezes implica em encorajar o que ainda não faz completo sentido para si mesmo, na fé de que o tempo endosse e atribua o senso de utilidade ao que, de certa maneira, se apresenta no mundo mental *(Figura 4)*.

E qual é a realidade que se deseja criar? Refletir com clareza nesse propósito aumenta as chances de que se torne real.

Figura 4: Ilustração modificada da pintura em acrílico sobre tela, denominada "SUBSTÂNCIA", que aparece na capa deste livro.

9. Ações Eficientes ao Exercício das Virtudes

ORGANIZAR

"Somente a organização vence o tempo"
(Anônimo)

Partindo da premissa que inicialmente inspira, é possível elevar esse conteúdo ao status de regra clara. A partir do momento em que o indivíduo começa a existir, se iniciam os fenômenos relacionados com a passagem do tempo através do corpo material. E quanto melhor se aproveita desse tempo, mais a pessoa vive no momento presente. O hábito de se colocar no momento presente pode parecer óbvio, mas nem sempre é exercitado como deveria.

Viver no momento presente pode ser considerado estar em harmonia consigo mesmo e com o seu entorno. É sinal de equilíbrio, sabedoria e eficiência, que são aspectos fundamentais ao estabelecimento de uma vida feliz.

Nesse sentido, a organização que se adquire com treino e hábito pode e deve ser utilizada em situações desprovidas de ordem, sempre com atenção para não convergir para o modo do julgamento, como por exemplo:

Em contextos de ação positiva:

Ao se descobrirem meios de transmitir a virtude, se aprimora a característica que já se domina, ao ponto de magnetizar seu entorno, modificando através do exemplo a realidade inadequada percebida. A perspicácia na alteração da realidade sugere que, por alguns instantes, se compartilhe do campo do outro, de modo que a frequência mais adequada mobilize, por ressonância, as frequências inadequadas, ao ponto de afinar o indivíduo que se coloca na posição de aprendizado. **Não desperdiçar energia com queixas, revolta, raiva ou lamentação aumenta a eficiência do processo.** Ser assertivo, concentrado e organizado faz bem para a saúde e gera satisfação para si mesmo e para o entorno.

Em contextos de reação desfavorável:

Muito cuidado quando a virtude é aparente, pois nenhum hábito é de fato virtuoso se coexiste com o julgamento violento e sem compromisso. Especialmente se o julgamento acontece sem indulgência, com revolta, raiva, perda de energia, sofrimento, isolamento, trazendo infelicidade. Por melhores que sejam as razões de todo tipo de comentário, nada justifica a agressividade e a violência, especialmente no que diz respeito ao exercício das virtudes.

DISCIPLINAR

*"Disciplina, disciplina, disciplina.
São os alicerces da decisão."*

(Emmanuel & Chisco)

Por disciplina se entende a firmeza na vontade de realizar algo. Consiste em decidir e cumprir acordos íntimos, muitos dos quais beneficiam predominantemente o disciplinado.

Em contextos de ação positiva:

A pessoa vive constantemente no melhor lugar, onde estão as oportunidades mais adequadas para a realização de seu propósito. "Dá conta" de si mesmo e dos que se encontram sob sua responsabilidade. Gradualmente conquista seus sonhos, desde os mais acessíveis aos que requerem maior dedicação. No geral, encontra-se com semelhantes que contribuem significativamente para a conclusão de seus objetivos. Pois é através do outro que se adquire a oportunidade de servir e é através da oportunidade de servir que se reconhecem as qualidades do servidor.

Em contextos de reação desfavorável:

Confunde disciplina com tirania e autoridade forçada. Afasta-se dos demais por intolerância, excesso de cobrança e incapacidade de perceber que não possui o direito de julgar ações alheias a si mesmo.

SINCRONIZAR

"Sincronizar passado, presente
e futuro melhora a experiência do agora".

(Anônimo)

Concatenar ideias, pensamentos, palavras, ações e eventos sincroniza a realidade de modo que o mundo material se torna mais rico e abundante. Trata-se do bom uso da matéria no espaço-tempo. Quando as ações dos indivíduos ocorrem no melhor momento, seus resultados ou consequências produzem prazer, satisfação, gratidão.

Trata-se do famoso "estar na hora certa do momento oportuno, consciente da melhor versão de si mesmo que se deseja experimentar". E essa sucessão de eventos "aparentemente aleatórios", quando acontecem, gera valor.

Em contextos de ação positiva:

Cada coisa ao seu tempo se torna um hábito natural. Sendo ainda a concatenação dos diferentes aspectos, um fato, um privilégio e fonte de alegria.

Resulta em uma configuração da realidade, na faixa do visível, bastante favorável. Expressar boas ideias, ao ponto de elevá-las ao status de moda é sinal de sincronismo.

Em contextos de reação desfavorável:

Algumas ações se anulam, outras se subdividem; há ainda as que são deturpadas. Enfim, nem sempre o sincronismo gera satisfação, pois, quando baseado em ações e mensagens desqualificadas, produz ruídos aparentemente qualificados, mas que geram confusão, perturbação, problemas. Metaforicamente, trata-se de um sincronismo oriundo dos estados de imaginação nociva.

COMPROMETER

Comprometa-se com a melhor versão de si mesmo.

(Anônimo)

Pode parecer que o indivíduo ao se expressar com ética, moralidade, justiça, dentre outras virtudes, está sendo bom para o seu próximo. Entretanto, os fatos demonstram que o próximo mais beneficiado com os hábitos virtuosos, é a própria pessoa. Vive muito bem quem exercita uma coletânea de hábitos virtuosos, e sustentáveis.

No interior do indivíduo decidido a aproximar-se de si mesmo, vive um tipo de consciência comprometida com a melhor versão de si mesma, sem abandonar as oportunidades de convívio com o outro. Completamente desperta da capacidade de realização da alma humana na incrível e sofisticada tarefa de continuo aprimoramento.

Dentre todas as características benéficas possíveis, a que mais chama a atenção é a de que pessoas comprometidas com elas mesmas e que apresentam posturas virtuosas encontram-se habilitadas para vibrar segurança, liberdade e satisfação. Tratam-se de criaturas capazes de materializar realidades cada vez mais dignas e luminosas.

Em contextos de ação positiva:

Quanto mais a pessoa honra seus compromissos, mais adquire autoridade. Legitimar a confiança e exercer naturalmente uma postura comprometida e íntegra gera uma onda dessa virtude que é transmitida pelo exemplo.

Em contextos de reação desfavorável:

Quando o compromisso é interpretado e exemplificado inadequadamente como subjugação, escravidão, excesso de autoridade no geral desprovida de conteúdo qualificado, dentre outras anti-virtudes.

AMAR

*"O amor resume tudo que um
ser humano precisa saber e ser".*

(Vanessa N. Syrio)

Amar é reunir todas as virtudes, conhecidas e que ainda estão por se conhecer, em pensamentos, palavras, ações e sentimentos para consigo mesmo com possibilidade de alcance do outro. Esse movimento interno de ações amorosas constrói uma realidade impressionante no entorno da pessoa que se esforça por adquirir essa postura amorosa para consigo mesma. Sempre que as pessoas se esforçam por superar suas limitações contrárias ao amor, elas se despojam de um peso desnecessário que, por razões desconhecidas, insistiam em carregar.

Quando isso acontece e a leveza de uma vida bem vivida se expressa, atinge quem caminha junto, mesmo que distante, pois o amor habita os espaços que separam as pessoas.

E assim, na medida em que se preenchem os espaços vazios ao redor das pessoas, com essa substancia ricamente qualificada, se constroem realidades de sonhos, alguns que nem poderiam ter sido imaginados por estarem para além da mais rica imaginação.

Palavras amorosas conduzem ao raciocínio mais elevado, livre de equívocos da linguagem, da obscuridade ou falta de clareza, das limitações de entendimento. Palavras amorosas são cirúrgicas e retiram com precisão os tumores do desentendimento.

Mas, como a maioria das pessoas – e a autora se inclui sem sombra de dúvidas neste grupo – se expressa como uma criança que necessita da ajuda de um adulto para expressar com clareza, as próprias palavras, nem sempre as mensagens são completamente compreendidas.

Quando isso acontece, falta amor. Falta amor pela educação, pela sabedoria, pela indulgência. Falta. Somente falta. O que não é um problema quando se aprende a pesquisar. A curiosidade é quase um instinto de constante busca pela satisfação do que momentaneamente falta na vida das pessoas.

Por essa razão, sempre que a vontade de se valer da ignorância ou, do mau comportamento na tentativa desesperada de se fazer entender começar a aparecer, procure a ajuda dos mais experimentados no amor para colaborar com o objetivo maior da transmissão de conteúdos difíceis de compreender.

No geral, os "adultos" são capazes de guiar o pensamento "infantil" da humanidade pelos caminhos da sabedoria, nos quais residem a sustentabilidade, o entendimento entre as diferentes nações, a superação das crises e a vida adequada ao bem-estar que toda pessoa procura.

Pensamentos amorosos aproximam, expandem e mobilizam matéria qualificada que, via de regra, são a essência do universo.

Sentimentos amorosos são a moeda das civilizações mais experimentadas. Não há maneira de alcançar outros estágios evolutivos sem considerar a Espiritualização Industrial como mantenedora das necessidades e relações de equilíbrio. Fruto da utilização da inteligência espiritual na atribuição de sentido e direção para as conquistas alcançadas pelo desenvolvimento tecnológico, intelectual e emocional da humanidade.

Não há possibilidade de deter a marcha incessante do progresso e do aprimoramento evolutivo à qual todos os seres e mundos se encontram subjugados.

Divinizar significa fazer da própria vida constante prece. Não a prece verbalizada, decorada, entoada, ensinada ou aprendida. Mas, o estado da prece que demanda atenção, mansidão, humildade, integridade, honestidade, confiança. Esse estado que requer tranquilidade.

Viver em estado de prece é sentir vontade de provar das virtudes mais saborosas à experiência humana. É sentir vontade de equilibrar as forças masculina e feminina. É firmar a percepção da abundância e parar de enxergar a escassez. É finalmente entender que o que se observa na alternância entre as experiências de abundância e escassez é a lapidação dos hábitos da alma, até que se encontre o condicionamento das escolhas favoráveis à realização de si mesmo.

Desse encontro consigo mesmo, surge a força que transfere o mundo interior para o exterior. Inicialmente, essa exteriorização pode ser muito limitada, mas, através do treino e da persistência, observa-se a construção de mundos cada vez mais qualificados e felizes coexistindo com realidades desqualificadas.

Não se tratam de realidades paralelas difíceis de se imaginar. Quando se consideram grupos de consciência, vibrando em diferentes frequências em um intervalo de tempo semelhante, os contrastes são inevitáveis e naturais. Isso materializa a realidade mais ou menos adequada que se experimenta neste mundo.

Longe de se tratar de sorte ou milagre, o mundo exterior reflete o interior, da mesma forma que a ação gera a reação. Sempre que as ações são guiadas por intenções virtuosas e adequadas ao deslumbramento, surgem paisagens positivamente modificadas pela humanidade na natureza.

Quanto mais centrados os indivíduos se encontram consigo mesmos, maiores as chances de se propagarem ações adequadas e compatíveis com as que se observa em grupos mais experimentados no amor.

Maiores são as possibilidades de transmissão de conteúdo e de entendimento da linguagem.

Os aspectos espirituais e materiais são faces da mesma moeda que atribui valor para a vida. Integrar esses aspectos aumenta a lucidez para que as tarefas mais importantes do indivíduo sejam executadas com louvor e oferecidas ao entendimento cósmico que rege a harmonia.

Equilibrar a vida pessoal, profissional e espiritual (ou vocacional) visando à realização do propósito maior de se expressar da maneira mais alegre, prazerosa, lúcida, fértil, adequada e luminosa, dentre tantas formas de se gerar plenitude, paz e equilíbrio possíveis, é o desafio que todos recebem quando respiram na atmosfera terrestre pela primeira vez. Tantas e quantas vezes forem necessárias ao aprimoramento das próprias virtudes.

Bons hábitos cultivados na fé, de que o tempo de vida terrena seja suficiente para acumular lembranças felizes, colecione amigos afetuosos e estabeleça vínculos de conduta fraterna, advindas do legítimo reconhecimento de filiação universal.

E na esperança de que essas linhas encorajem e aumentem o acesso das pessoas que cultivam virtudes de se manifestarem, segue essa pequena colaboração aos admiradores do solo fecundo da humildade, feita de consciências livres e gratamente experimentadas no amor.

São essas consciências que, em diferentes momentos da história da humanidade e espalhadas pelos sete continentes do mundo, nascidas em diferentes culturas, e submetidas a diferentes tipos de linguagens, seguem ensaiando na vida, com o objetivo maior de estarem preparadas para, no momento oportuno, estrelar o espetáculo das experiências felizes. Esse momento único capaz de virar de uma vez por todas as páginas do sofrimento desnecessário para aguçar o entendimento de que todo esforço se assemelha ao da semente que precisa da escuridão e do solo fecundo para fixar raízes sem se estagnar nessa posição, consciente da luz que orienta e sugere o céu como limite, para florescer, deixar seus frutos, desaparecer e recomeçar.

10. Poemas

Poema 1

Respirar e agradecer...
É tudo que se precisa, fazer.
Contemplar e perceber

Que há sempre algo de
melhor para se oferecer.
Por isso simplesmente se encontre,
E deixe que sua alma guie você.

Há sempre o bom amigo por perto,
Para nos lembrar do se precisa fazer.

Por isso seja você também um bom amigo

Que conhece o caminho das pedras e que se lembra
da história.

Para fazer o coração equilibrado pela razão chegar ao
seu destino.

Poema 2

Conhecer-se melhora a percepção do ser.
E isso aumenta as chances
De bem viver.

Ser, também é saber que,
Desde o micro-organismo
Até o planeta mais robusto do cosmo,
Existem leis para obedecer.

Estar suscetível as
Experiências excelentes
Não isenta ninguém
De possíveis momentos de dor.

Pois a Dor e o Amor são placas
Colocadas nos caminhos da vida
Pela amiga lembrança
Que prometeu guiar a mente no mundo dos sentidos.
Desde o início, se conhece o destino.
Todo momento é hora do reencontro que sempre
esteve marcado.
Ainda que falte a clareza do que se deseja buscar,
O intuito é experimentar ser quem se é.

Poema 3

Silêncio, atenção e bom senso.

Há uma ordem estruturando o ar.

Essa atmosfera da nova era exige que os antigos padrões sejam transformados.

Honrar o passado, nesse contexto, dispensa comparações e repetições de conduta.

Ao passado, ofereça o minuto de silêncio da eternidade.

Que a história se encarregue de registrar para fins de lembrança pedagógica os erros e acertos da humanidade.

Os eruditos de ontem, vestidos das mais diversas personalidades, ficam gratos, realmente gratos, quando são considerados apenas, semelhantes.

Freis, Padres, Reis, Guerreiros, Santos, Cientistas, Filósofos, Pensadores...

Nenhum desses títulos e honrarias faz mais sentido do que a bandeira da simplicidade e do compromisso íntimo do indivíduo para consigo mesmo.

Que, aos poucos, e na medida das possibilidades disponíveis,

Se encontrem meios de popularizar os ideais das virtudes.

Como ideia comum ao chamado da Espiritualidade que acontece a todo o momento,

Em diferentes culturas, de diferentes formas, embora se perceba o horizonte de correlação fortemente marcado pelo hábito das melhores escolhas,

A espiritualidade amiga é irmã mais velha da materialidade e, como tal, vem cumprindo muito bem o papel de colaborar com a Mãe Terra e o Pai Cósmico no cuidado de cada ser, que surge sob sua tutela, e destino certo no rumo do progresso.

Nota Explicativa:
Shynran e Shinran*

Shynran é o pseudônimo usado como segundo autor nesta obra para representar todas as fontes que inspiraram a autora a se debruçar sobre os mistérios do conhecimento da natureza humana. Shynran é essa espiral de traz o bem do entendimento e leva o mal da ignorância. Shynran surge para facilitar o acesso do homem comum, comprometido com a pureza de propósito e o fortalecimento da consciência e da regulação das emoções, aos domínios da compaixão e das virtudes. A intenção única é reforçar a mensagem de que a compaixão anima os corações inspirados nos profetas do Cristianismo, do Islamismo, do Judaísmo, do Budismo, do Hinduísmo e faz vibrar a alma de todas as pessoas de bem que contribuem para a realização de um mundo de paz.

Esse entendimento surgiu na vida da autora com a descoberta da história de Shinran Shonin, um ex-monge budista japonês que, após encontrar a iluminação, foi viver uma vida comum onde esposa, filhos, discípulos e seguidores não impediram ou comprometeram a realização de seu propósito de espalhar a luz do entendimento na Terra. Alcançar a iluminação e se posicionar na vida de modo acessível para os que desejam experimentar da sabedoria disponível no Universo é um mérito que no entendimento da autora, precisa ser divulgado.

Este livro celebra esse encontro e a grandeza de seu contentamento.

Atribui-se a Shinran Shonin (1173-1263), a fundação do Shin Budismo da Terra Pura. Shinran é considerado, por muitos teólogos e historiadores, um dos mais importantes pensadores do Japão. Ele não fundou nenhum templo, mas empreendeu uma extraordinária sistematização do Budismo da Terra Pura, ao compendiar cuidadosamente Mestres Budistas da Índia, China e do próprio Japão. De fato, há muitos monges ilustres da China e do Japão que instituíram práticas e registraram ensinamentos sobre o Buda Amida e a Terra Pura. Dentre eles, Shinran selecionou cinco mestres que, ao lado de dois grandes mestres indianos, representam a genealogia do verdadeiro ensinamento, assim compreendido por ele. Não há uma lista específica ou emprego do termo "Sete Mestres" em sua obra, mas na releitura-síntese que Shinran fez de toda a tradição da Terra Pura, a vida e a obra desses mestres tiveram um papel fundamental, como ele assinala no Kyogyoshinsho:

"Eu, Gutoku Shinran, me encontrei com estas Sagradas Escrituras da Índia e com os comentários dos mestres chineses e japoneses, tão difíceis de *encontrar, e ouvi os seus ensinamentos, tão difíceis de ouvir. Como sou feliz!"*

As interpretações dos Sete Mestres revelam o profundo significado dos ensinamentos da Terra Pura. Ressalta-se, entretanto, a ideia principal, comum a todos, da Compaixão como a verdade última dentro de nós.

Referências:

- Bishop, P & Darton, M. (1987) The Encyclopedia of world faiths: An illustrated survey of the world's living religions. New York: Facts on File Publications. 1987.
- Schaeffer, F. A. (1983) How Should We Then Live?. Illinois: Crossway Books, 1983.
- Safronov, V. (1972) Evolution of the Protoplanetary Cloud and Formation of the Earth and the Planets. Moscou: Nauka Press, 1969. Trans. NASA TTF 677, 1972.
- SCHOPF, J.W. (1993) Microfossils of the early Archaean Apex chert; new evidence of the antiquity of life. *Science*, Washington, DC. v. 260, p. 640-646, 1993.
- Hutton, J. (1788) Theory of the Earth; or an investigation of the laws observable in the composition, dissolution, and restoration of land upon the Globe. Transactions of the Royal Society of Edinburgh, vol. 1, Part 2, pp. 304. 1788. at Internet Archive.
- Passos, E. & Colaboradores (2016) Os Processos do tratamento e cura espiritual – uma chamada à Consciência – com explicações e aspectos científicos. Rio de Janeiro: Editora GEPOT. 2016.
- International Human Genome Sequencing Consortium (2001) HUMAN GENOME.

Nature 409, 860-921 (15 February 2001) | doi:10.1038/35057062; Received 7 December 2000; Accepted 9 January 2001

- Danah Zohar & Ian Marshall (2000) SQ - Spiritual Intelligence, the ultimate intelligence. Bloomsbury, London 2000.
- Stanley, S. M. (2009). Earth system history. New York: W.H. Freeman.
- Kardec, A. (1866) O evangelho Segundo o espiritismo: com explicações das máximas morais do Cristo em concordância com o espiritismo e suas aplicações às diversas circunstâncias da vida/ Allan Kardec; [tradução de Guillon Ribeiro da 3. Ed. Francesa, revisada, corrigida e modificada pelo autor em 1866]. – 131. Ed. 1. Imp. (Edição Histórica) – Brasília: FEB, 2013.
- http://jodoshinshu.com.br/index.php/sete-patriarcas/a-selecao-de-shinran-2/
- http://nuclides.org/?what_is_nuclides_org
- http://bibliaportugues.com/john/8-32.htm
- http://www.padrepio.org.br

A Casa do Escritor presta Consultoria e Serviços
e auxilia escritores no processo de produção, publicação
e lançamento de seus livros. Saiba mais em
casadoescritor.com.br

www.ingramcontent.com/pod-product-compliance
Lightning Source LLC
Chambersburg PA
CBHW071433180526
45170CB00001B/330

9 7 8 1 5 4 1 0 4 1 2 7 1